ILLUSTRATED COLOR LANDSCAPE PLANTS

园林植物彩色图鉴

花坛草花

HERBACEOUS FLOWERS

曹玉美　主编

中国林业出版社

图书在版编目（CIP）数据

花坛草花／曹玉美主编．
—北京：中国林业出版社，2012.1
（园林植物彩色图鉴 ／ 王雁主编）
ISBN 978-7-5038-6430-8

Ⅰ．花…　Ⅱ．曹…
Ⅲ．①花卉－观赏园艺－图集
Ⅳ．①S68-64

中国版本图书馆CIP数据核字（2011）第253002号

出版：中国林业出版社
（100009　北京西城区刘海胡同7号）
E-mail：cfphz@public.bta.net.cn　　电话：83224477
发行：新华书店北京发行所
印刷：北京顺诚彩色印刷有限公司
版次：2012年1月第1版
印次：2012年1月第1次
开本：889mm × 1194mm　1/32
印张：8
字数：300千字
印数：1～5000册
定价：58.00元

本书主编

曹玉美

文字：张德娟

摄影：曹玉美、徐晔春、邓莉兰

丛书出版前言

随着我国社会科学和文明的发展，生态环境的观念越来越受到人们的广泛认可。无论是在城市还是乡村建设中，园林植物都已成为不可缺少的主要成员之一。植物在城乡绿化中主要起着两个方面的作用：一是建设生态环境的作用；一是营造植被景观的作用。前者是通过植物本身的生态功能为人类和其它动物提供一个适合居住的“场所”；后者是满足人类精神层次对美的追求。

自然界的森林是由高低错落的，不同层次的乔、灌、草植物组成的。因此，现代生态城市的园林景观也都是由乔、灌、草3个以上层次组成。

乔木在园林中起着骨架的作用，它们能构成景观天际线、形成大范围的风景背景或独立主景、提供浓密的绿荫；灌木属于中间层，与人的视线高度接近，是人在园林中最方便接触、观赏到的植物类群；藤蔓植物作为地被或层间植物承担着乔木与地面、建筑物与地面之间的连贯和过渡；水生植物在营造水面生态环境中起着不可替代的作用；花坛草花包括一二年生草花，多年生宿根、球跟花卉，观叶草本，香草植物等，它们或绚丽斑斓，或淡雅清新，在园林中通常是随季节变化或节庆需要，灵活栽植、变换摆放的种类，往往成为点睛之笔。棕榈植物在园林中主要用于营造热带风情。竹类植物在园林中主要用于营造古典园林或亚热带风情。

苏雪痕先生曾说过：园林工作者至少要认识1000种（品种）植物。每一个园林景观设计师都是给城市、乡村做礼服的“裁缝师”。设计师必须熟悉自己的材料，只有这样，他们的作品才能在充满创意的同时，也具有可行性，他们才能用植物材料作为油彩去绘制美好的景观图画。

岂止设计师，每个生活在园林城市中的人，也很想知道自己城市的“衣服”是用什么材料做的，每天徜徉在花海之中，自然也想对这些花草树木有一些亲近，有一些了解。认识园林植物，其实是每一个人的愿望，不过愿望的强烈程度，随个人的爱好各有差异而已。

“园林植物彩色图鉴”丛书第一批出版4册：乔木与观赏竹、灌木与观赏棕榈、水生与藤蔓植物、花坛草花。丛书介绍了我国园林中普遍应用的1800余种（品种）园林植物，种类涉及全国南北各地。共有3000多张高清晰彩色照片，每一种植物均配有多幅照片，从不同角度全面展现植物的株形、叶形、主要观赏部位及景观效果。辅以简洁的文字，介绍该植物的形态特征、生活习性、鉴别、栽培及应用方法等。本丛书的编排，科主要参考中国植物志的系统排序，属的编排依拉丁学名按英文排序。

本丛书可以作为园林园艺工作者、园林设计工作者、苗木生产人员、苗木经理人员便携的彩色图鉴、工具书；也可以作为园林及相关专业大、中专院校学生及教师认识花卉或栽培花卉的参考书或教材；还可以做为花卉爱好者、自然爱好者、城市市民休闲游览公园或绿地时的科普入门读物。

出版者

2011.11

前言

花坛是指在园林广场或建筑物前的重要或焦点位置，将同期开放的多种或一种花卉的不同花色品种，根据一定的图案设计，集中栽植、摆放于特定的苗床内以体现花卉群体美的植物景观的园林应用手段。花坛通常是随季节变化或节庆需要，灵活栽植、变换摆放的。在园林中往往起着点睛之笔的作用。沿道路两旁的长条形花带是花坛的一种简化或扩展形式。

而花境则是同时运用多年生草花、一二年生草花、观赏草、小灌木、地被植物等组合搭配而成的花卉组合景观。花境不同于花坛之处是多以仿自然群落的方式展示，设计更具立体感，且部分植物不需要随季节更换。

花坛、花境的设计必须了解花卉的色彩、形态、开花习性、生态习性、整齐度、养护要求等。节庆花坛、主题花坛必须从周围的整体环境来考虑所要表现的园景主题。广场中心的四季花坛则必须考虑到由春到秋开花不断，以及图案的变化，做出在不同季节中花卉种类的换植计划。

花坛的布置由于其季节性和灵活性等特点，通常选用株形低矮、花多、开花整齐而花期长、花色鲜明、较耐干旱、抗病虫害的一二年生草本花卉。一些叶色美丽的观叶草本，由于其生命力强，养护容易，整齐度高，可以提供花卉所不具备的色彩，因而是花坛不可缺少的成分。香草植物具有宜人的芳香，近年来越来越多地被应用于居住小区的花坛设计和家庭园艺中。多年生花卉虽不是花坛的主要成分，但在主题花坛、节庆花坛中也常常会用到。

综合以上，本书中所指的花坛草花包括常见在花坛、花境、花带中应用的一二年生草花，多年生宿根、球根花卉，观叶草本，香草植物等。它们或花色绚丽斑斓，或花色淡雅清新，或叶片奇特美丽，或气味芳香诱人，都是组成园林中美丽景观的草本花卉植物。当然，这些花卉同样可以应用在高速公路、庭院、家庭以及其他植物景观的设计中。

本书介绍了约200余种（变种）草本花卉。在介绍名称、科属、形态特征的同时，辅以清晰的叶、花以及植株形态的图片，旨在帮助大家方便地辨识植物种类，避免不必要的差错。此外，着重介绍了这些种类的原产地、适生地区、习性和园林应用。

这些知识既可以帮助园林规划设计、造园者在选择植物种类时做出取舍；也可以帮助园林苗木生产者选择适合自己的经营对象；还可以成为农林专业师生的教学材料；或成为园林植物爱好者、青少年了解、认识园林植物的工具书。

花卉都有自己的自然花期。在露地人工栽培条件下，由于我国幅员广阔，各地气候条件不同，同一种花卉开花的时间会有很大不同。本书中所介绍的花期，是以华北地区为参照的。现代设施园艺的发展，使得花卉可以在人工调控的环境中生长，几乎可以做到一年四季都可以播种，全年不间断供花，播种时间已经没有了限制，生产上主要考虑的是发芽天数、生长时间、花芽分化温度、花朵孕育绽放条件等相关因子。

本书在编写过程中，广泛地查阅了各种现有资料，尽可能地修正了一些流行的概念上的混淆。但由于许多新兴应用的植物来源多渠道，尤其从国外引入者所附材料欠缺，导致国内专家们有不同认识。编者水平有限，处理不当之处在所难免，敬请广大读者海涵。并真诚地欢迎读者阅后能提出宝贵意见，以便我们再版时改进。

编 者

2011.9

目 录

一二年生草花

◎ 一二年生草花，美丽的花朵绽放后，植株最终会枯萎、死亡。必须重新播种、培育，来年才会再次生长、开花。

◎ 春天播种，夏天或秋天开花，冬天死亡的称为一年生草花；秋天播种，经过冬季的休眠，来年春天开花，夏天死亡的，称为二年生草花。

◎ 一二年生草花主要靠播种繁殖，播种的深度，根据种子的大小有很大不同。微小的种子必须混合着沙土一起撒播。

◎ 有些花卉本来是多年生长的，但由于在栽培地区过不了冬，越不了夏，或者生长势衰退等原因，也会作为一二年生栽培。

山荞麦

拉丁名：*Fagopyrum esculentum*

别名：甜荞、普通荞麦　　**科属**：蓼科荞麦属

原产地：原产于我国北方。

一年生草本。生性强健，适应性广，红花绿叶极具乡野气息，适宜作花坛、花境及地被植物。花期6～9月。喜光，耐旱，在贫瘠的酸性土壤中生长。播种繁殖。种植时表面覆土约1cm。种子发芽温度18～25℃；发芽天数3～5天；生长适宜温度15～35℃；播种到开花约30天。

形态特征：株高约30～50cm。茎直立，上部分枝，绿色或红色，具纵棱。叶三角形或卵状三角形。花序总状或伞房状，为有限和无限的混生花序，顶生或腋生；花粉红色至白色。

其他用途：可以作为绿肥、饲料、蜜源植物或防止水土流失的地被植物。

尾穗苋

拉丁名：*Amaranthus caudatus*

别名：老枪谷、千穗谷　**科属**：苋科苋属

原产地：原产于热带。

一年生草本。花穗形状有特色，在众花中独树一帜，适宜于花坛、花境；也可盆栽观赏。花期9～10月。喜光，耐半阴，耐干旱。对土壤要求不严。播种或扦插繁殖。能自播。种子发芽温度18～25℃；发芽天数8～12天；生长适宜温度18～35℃；播种到开花约80天。

形态特征：株高约50～80cm。茎直立，具棱，多分枝。叶菱状卵形或菱状披针形，全缘或波状，顶端短渐尖或圆钝，基部稍不对称，具长柄。圆锥花序由多数穗状花序组成，顶生或腋生，下垂，中央分枝特长；花极小，密集成团，单性，雄花及雌花混生于同一花簇；苞片及小苞片干膜质；花为紫红色或白色。

鸡冠花

拉丁名：*Celosia cristata*

别名：红鸡冠　**科属**：苋科青葙属

原产地：原产于亚洲、非洲热带地区。

一年生草本。花头（肉穗状花序）大，利用花头组字，效果非常好。常盆栽或栽于花坛、花境。其栽培品种依据花头形状可分为球冠状、矮生头状、凤尾状及羽毛状等。剪下花色不变，可做干花。花期7～10月。喜光，耐半阴，喜湿热环境，不耐霜冻，不耐瘠薄。喜疏松、肥沃、排水良好的土壤。播种繁殖。种植时表面覆土不超过1cm即可。自播能力强。种子发芽温度18～22℃；发芽天数7～10天；生长适宜温度15～35℃；播种到开花约80天。

其他用途：种子可药用，嫩茎叶可食用。

形态特征：株高约20～60cm。茎直立粗壮。叶互生，长卵形或卵状披针形。肉穗状花序顶生，扇形，褶皱呈鸡冠状；花径15～25cm；花色有红、紫红、橙红、黄等。

常见栽培变种：凤尾鸡冠花（*Celosia cristata* var.*pyramidalis*），别名笔鸡冠、火炬鸡冠、塔鸡冠；株高约20～30cm，茎直立，有分枝；叶互生，矩圆状披针形至披针状条形；塔状或圆锥状肉穗花序顶生。

千日粉

千日红

拉丁名： *Gomphrena globosa*
科属： 苋科千日红属

原产地： 原产于热带美洲。

一年生草本。花夏秋间开放，花期长，花序艳丽、耀眼。为夏季盆栽，庭院、花坛优良的种植品种。亦可作切花或干花用。花期7～10月。喜光，耐半阴，耐干热，不耐寒。宜疏松、肥沃土壤。播种繁殖。种子发芽温度20～25℃；发芽天数8～12天；生长适宜温度20～35℃；播种到开花约90天。

形态特征： 株高约30～60cm。全株被白色硬毛。叶对生，纸质，长圆形（很少椭圆形），先端钝或近短尖。头状花序顶生，椭圆状球形；小苞片三角状披针形，长1～1.2cm，紫红色、粉红色，乳白色或白色；花被片5，短小，长5～6mm，不展开，花后不变硬；雄蕊与花丝联合呈管状，顶端5浅裂；花柱短，不及伸出雄蕊管。

其他用途： 料理、健康美容、花草茶。

紫茉莉

拉丁名：*Mirabilis jalapa*

别名：香茉莉、草茉莉、夜来香、地雷花　　科属：紫茉莉科紫茉莉属

原产地：原产于热带美洲。

多年生草本，常做一年生栽培。花色丰富，午后开放，具有茉莉香味，花期长，管理粗放，花开络绎不绝，可用于花坛、花境及林下地被。盆栽需大盆。花期7～10月。喜半阴，花在傍晚至清晨开放，在强光下闭合。喜通风环境，肥沃土壤。播种繁殖，自播能力强。种子发芽温度18～25℃；发芽天数8～12天；生长适宜温度18～35℃；播种到开花约70天。在我国江南地区地下部分可安全越冬而成为宿根草花。

形态特征：株高约30～60cm。茎直立，多分枝，节部稍膨大。单叶对生，叶片卵形或卵状三角形。花数朵顶生；花冠高脚碟状，直径2.5～3cm，5浅裂，但不分瓣；花色有紫红、黄、白、粉红，还有红黄相杂条纹及点状复色等。瘦果球形，黑色，表面具皱纹，似小地雷状。

太阳花

拉丁名：*Portulaca grandiflora*

别名：半支莲、死不了、龙须牡丹　**科属**：马齿苋科马齿苋属

原产地：原产于南美洲。

一年生草本。植株肉质，花色丰富多变，花期夏秋，花期长，适应性强，极易栽培。适宜花坛、花境、景观及色块应用；也可盆栽。花期 7～10 月。喜光，过阴不易开花，耐瘠薄，耐干旱，怕渍水，不耐寒。喜肥沃的沙质壤土。播种及扦插繁殖。种子发芽温度 20～25℃；发芽天数 8～12 天；生长适宜温度 18～35℃；播种到开花约 90 天。种子非常细小，应 1：100 配比细砂土拌匀播种，不用覆土。

形态特征：株高约 10～20cm。茎直立或斜生，多分枝。叶细圆柱形，稍弯曲。花单生或数朵簇生枝顶，径约 3cm；有红、黄、紫、粉红、白、黄及复色，有单瓣、重瓣品种。

高雪轮

拉丁名：*Silene armeri*

别名：钟石竹　**科属**：石竹科蝇子草属

原产地：原产于欧洲南部。

一二年生草本。花多，适合花坛、花境栽培或作地被。花期5～8月。喜光，亦耐半阴，喜温暖、湿润，忌高温，最适空气湿度为65%～75%，耐寒，耐肥。在富含腐殖质、排水畅通的湿润土壤上生长最好。播种繁殖。种子发芽温度15～20℃；发芽天数7～112天；生长适宜温度15～35℃；播种到开花约80天。株行距15cm × 15cm，播后覆盖细土0.2cm。苗定植成活后必须摘心1次，以促发分枝。

形态特征：株高约30～60cm。茎直立，单生，上部有分枝，具黏液。基生叶匙形，花期枯萎；茎生叶对生于明显膨大的茎节处，卵状心形至披针形，基部半抱茎。复伞房花序较紧密，顶生，具总花梗；花径约2cm；萼筒棒状，脉纹不明显；花瓣5，窄倒卵形，先端微凹或圆钝；副花冠线状披针形；花瓣淡红、玫红、白或雪青色。蒴果长圆形。

矮雪轮

拉丁名：*Silene pendula*
别名：大蔓樱草　**科属**：石竹科蝇子草属

原产地：原产于欧洲南部。

一二年生草本。茎枝纤细，半匍匐，花多，适合花坛、花境栽培或作地被。花期5～8月。喜光，亦耐半阴，喜温暖，忌高温、多湿，耐寒，耐旱，耐肥。在富含腐殖质、排水畅通的湿润土壤上生长最好。播种繁殖。种子发芽温度15～20℃；发芽天数7～12天；生长适宜温度15～35℃；播种到开花约80天。早春及秋、冬季均可播种。株行距15cm × 15cm，覆盖细土0.2cm。

形态特征：株高约15～30cm。茎丛生，多分枝。叶对生于明显膨大的茎节处，卵状披针形或椭圆状倒披针形。单歧聚伞花序腋生或顶生，呈疏总状；萼筒长而膨大，具10条脉，脉纹突出；花瓣5，倒心形，先端2裂；喉部具10枚椭圆形的小副花冠；花色有白、粉红、淡紫、玫瑰等，还有重瓣品种。蒴果卵形。

麦仙翁

拉丁名：*Agrostemma githago*

别名：麦毒草　**科属**：石竹科麦仙翁属

原产地：原产于东地中海地区。

一年生草本。花色鲜艳，花期长，生性强健，适合花境、花园、阳台种植。花期6～8月。喜光，喜高温、耐炎热，耐半干旱。对土壤要求不严。播种繁殖。种植时表面覆土不超过1cm即可。种子发芽温度18～25℃；发芽天数8～12天；生长适宜温度18～35℃；播种到开花约80天。

形态特征：株高约30～50cm。全株有白色长柔毛。茎直立，单一或分枝。叶条形或条状披针形，基部合生。花单生于茎顶及枝端，径约3cm；花瓣5，比萼片短，先端截形，喉部无小鳞片，基部有长爪；花为粉红色。

其他：对牲畜有毒。

飞燕草

拉丁名：*Consolida ajacis*
科属：毛茛科飞燕草属

原产地：原产于欧洲南部和亚洲西南部。

一年生草本。花多，花色清丽，有红、海蓝、粉及复色等，尤其海蓝色，为花卉中稀有的颜色。矮生品种可盆栽，高型品种适宜用于花境或作切花。花期 5～8 月。喜光，喜凉爽、通风。喜肥沃、疏松、排水良好的土壤。播种繁殖。种子发芽温度 15～20℃，温度太高出苗不整齐；发芽天数 10～14 天；生长适宜温度 15～28℃；播种到开花约 90 天。直根系，不耐移植，直播最佳。

形态特征：株高约 30～50cm。茎具疏分枝。叶互生，掌状细裂。总状花序顶生；花萼 5，花瓣状，蓝色、紫蓝色或粉色，有距，距钻形，长约 2cm；花瓣 2，合生，瓣片与萼片同色，不等 2 裂；无退化雄蕊；雄蕊多数；心皮 1。

其他用途：种子含油量约 30%，为工业用油。

翠雀

常见栽培近似种：

①千鸟草（*Consolida ambigua*），毛茛科飞燕草属，又名南欧翠雀、彩雀花；一年生草本；叶片形态与飞燕草无明显区别，但花枝较短，分枝较多，花排列更密集。

②翠雀（*Delphinium?grandiflorum*），毛茛科翠雀属，别名大花飞燕草；原产于我国华北、东北及西南地区的山地；多年生草本；叶互生，掌状全裂；总状花序具3～15花，花左右对称，萼片5，花瓣状，蓝色或紫蓝色，上萼片有距，距钻形，长约1.5cm；花瓣2，合生，上部全缘或3裂，距伸入萼距之中。退化雄蕊2；心皮3。自然界可见有重瓣者。

波斯宝石

拉丁名：*Nigella damascena*

别名：黑种草、黑子草　　**科属**：毛茛科黑种草属

原产地：原产于地中海地区。

一年生草本。花形独特，观赏性强，适宜盆栽、配置花境或作切花。花期 6～9 月。喜光，适应性强，较耐寒。喜肥沃、排水良好的土壤。播种繁殖。种子发芽温度 18～25℃；发芽天数 10～15 天；生长适宜温度 15～35℃；播种到开花约 90 天。

形态特征：株高约 30～50cm，多分枝。叶互生；一回或二回羽状深裂，裂片细；茎下部的叶有柄，上部无柄。花单生枝顶；花萼 5，花瓣状，椭圆状卵形，基部有短爪，淡蓝色、白色或粉红色；花瓣小，长约 5mm，约 8 枚，有短爪，二唇形，上唇比下唇短小，其先端逐渐窄成线形，下唇 2 深裂，中部变宽。

其他用途：药用。种子具有肉豆蔻和胡椒似的香味，为印度、埃及、希腊和土耳其人常用的调料，多用于蔬菜、豆类和咖喱食品的调制。

花菱草

拉丁名：*Eschscholtzia californica*

别名：金英花、人参花　　科属：罂粟科花菱草属

原产地：原产于美国加利福尼亚。

多年生草本，常作一二年生栽培。花晴开阴闭，适宜作早春花带、片植、盆栽、地被植物。花期5～8月。喜光，喜冷凉、干燥气候，不宜湿热，耐寒冷，耐瘠薄。喜疏松、肥沃、排水良好的沙质壤土。播种繁殖。种子发芽温度18～22℃；发芽天数10～15天；生长适宜温度15～28℃；播种到开花约80天。冬季土不冻结地区秋播或上冻前播；北方早春室内育苗。自繁能力强。直根系，不耐移栽。

形态特征：株高约30～50cm。全株被白粉，呈灰绿色。叶多数基生，茎上叶互生，多回三出羽状深裂，裂片线形至长圆形。单花顶生，具长梗；花瓣4枚，外缘波皱；黄、金黄、橘红、玫红、紫红等色。

醉蝶花

拉丁名：*Cleome spinosa*

别名：西洋白花菜　　**科属**：白花菜科白花菜属

原产地：原产于中、南美洲热带地区。

一年生草本。花期长，生长强健，花形优美别致，花瓣似蝴蝶飞舞，花色娇艳，长长的雄蕊伸出花冠之外，如龙须状，颇为有趣。适宜做花坛、花境或植于庭院墙边、树下；也可盆栽观赏。花期 7～10 月。喜光，亦耐阴，喜干燥、温暖环境，较耐暑热，忌寒冷，忌积水。喜疏松、肥沃、湿润、排水良好的土壤，较耐瘠薄，在黏重的土壤或碱性土上生长不良。播种繁殖，自播能力强。种子发芽温度 20～25℃；发芽天数 6～10 天；生长适宜温度 15～35℃；播种到开花约 70 天。

形态特征：株高约 40～70cm。植株有气味。掌状复叶互生，有小叶 5～7 枚，小叶长椭圆状披针形，有叶柄，2 枚托叶演变成钩刺。总状花序顶生，边开花边伸长，花多数；花瓣 4 枚，粉红色、淡紫色或白色，倒卵状匙形，具长爪；雄蕊 6 枚，花丝长约 7cm，超过花瓣 1 倍多，明显伸出花外；雌蕊更长。

蜂室花

拉丁名：*Iberis amara*
别名：屈曲花、香屈曲花　**科属**：十字花科屈曲花属

原产地：原产于欧洲西部。

一二年生草本。花粉白色，芳香，花期长。适宜作盆栽、花坛、花境及切花。花期4～6月。喜光，性耐寒，忌炎热。要求腐殖质丰富、疏松而排水良好的壤土。播种繁殖。种子发芽温度20～25℃；发芽天数7～10天；生长适宜温度20～35℃；播种到开花约80天。种子发芽力可保持3年，属直根性，移植时应多带土，勿伤根，种子勿暴晒。

形态特征：株高约20～30cm。茎直立，稍分枝，有棱。茎下部叶匙形；上部叶披针形或长圆状楔形，先端每侧疏生2～4齿。总状花序伞房状，顶生；花瓣4，白、粉红或淡紫色，朝外侧的2枚较大。

同属常见栽培种：披针叶屈曲花（*Iberis intermedia*）：叶全部披针形，先端有1～2齿；花粉红、玫瑰红或紫红色。

香雪球

拉丁名：*Lobularia maritima*

别名：小白花　科属：十字花科香雪球属

原产地：原产于地中海沿岸。

多年生草本，通常作一二年生栽培。株矮而多分枝，花小而多，花开铺满地面，具浓郁芳香，花期长，秋后开花更茂盛，是花坛及花境镶边的良好花材，亦可盆栽或作地被植物。花期5～10月。喜光，稍耐阴，性耐寒，喜冷凉，忌炎热，较耐干旱、瘠薄，忌涝。对土壤要求不严，以疏松、排水良好的土壤为宜。播种或扦插繁殖。种子发芽温度15～22℃；发芽天数6～12天；生长适宜温度10～35℃；播种到开花约60天。花期长，萌发力强，可多次摘心或修剪以保持株形。

形态特征：株高约10～20cm。叶互生；长椭圆形、披针形至条形，全缘。总状花序伞房状，小花密集排列呈球形；小花花瓣4；白、紫、粉红等色。

紫罗兰

拉丁名： *Matthiola incana*

别名： 香瓜对、香紫罗兰　**科属：** 十字花科紫罗兰属

原产地： 原产于欧洲南部地中海沿岸。

多年生草本，常作一二年生栽培。春季开花，适宜花坛、花境；高秆品种常用于切花；矮生品种可用于盆栽观赏。花期2～5月。喜光，不耐阴，喜冷凉，忌燥热，冬季能耐短暂的－5℃低温，怕渍水，喜通风良好。对土壤要求不严，在排水良好、中性偏碱的土壤中生长较好；忌酸性土壤。播种繁殖。种子发芽温度15～20℃；发芽天数8～15天；生长适宜温度15～25℃；播种到开花约120天。花芽分化的适宜温度为15℃。华北地区8月下旬播种，入冬前移至暖棚中定植。直根系，必须带土坨移栽。

形态特征： 株高约30～50cm。全株被柔毛。茎直立，基部稍木质化。叶长椭圆形、倒披针形或匙形，全缘或微波形，先端圆钝。总状花序顶生和腋生；花较大，多数，花瓣4数，倒圆锥形；白、紫红、紫、粉等色。花芳香，有重瓣及单瓣之分，单瓣品系能结籽，重瓣品系观赏价值高，但一般不能结籽。

香豌豆

拉丁名：*Lathyrus odoratus*

别名：麝香豌豆、花豌豆　**科属**：豆科香豌豆属

原产地：原产于意大利。

一二年生草本。花型独特，气味芳香，枝条细长柔软，生长旺盛，可用于切花；也可盆栽观赏或用于花坛花境，或作地被及垂直绿化材料。品种不同，花期自春季至冬季都有。喜光，也耐半阴，易栽培，喜冬暖，夏无酷暑的环境，在华南地区可露地越冬。喜通风、肥沃的黏质土壤。播种繁殖。种子发芽温度 20～25℃；发芽天数 7～10 天；生长适宜温度 15～35℃；播种到开花约 70 天。开花须经过低温春化，华北地区多于 8～9 月进行秋播；长江中下游在 11 月至 12 月上旬最为适宜。深根系，不耐移栽。

其他用途：植株及种子有毒，不可食用。

形态特征：株高约 30～50cm。全株被白色毛。茎攀缘，多分枝，有翅。羽状复叶，每复叶仅具 1 对小叶；小叶椭圆形、卵状长圆形，先端小叶变态形成卷须。总状花序腋生，总梗长 20cm，具花 1～4 朵；花大，具芳香，蝶形；有白、粉红、大红、蓝、堇紫及深褐等色，旗瓣色深、艳丽，亦有带斑点或镶边的复色品种，还有重瓣、卷瓣品种。

旱金莲

拉丁名：*Tropaeolum majus*
别名：旱荷花、荷叶莲、金莲花　　**科属**：旱金莲科旱金莲属

原产地：原产于南美洲。

多年生草本，常作一二年生栽培。叶与花均美，花期特长，在环境适宜时，极易栽培，全年均可开花。一朵花可维持8～9天。适宜作地被植物或用于花坛、花境等；也适合盆栽、垂吊观赏。喜光，喜温暖、湿润气候，忌夏季高温、酷热，夏季高温时不易开花，越冬不能低于10℃，不耐涝。喜肥沃、排水良好的土壤。播种或扦插繁殖。种子发芽温度15～25℃；发芽天数8～12天；生长适宜温度18～28℃；播种到开花约80天。在我国南方可作多年生栽培；华北则多秋播。表面覆土约1cm，保持湿润。

形态特征：株高约20～30cm。茎肉质、蔓生，长约100cm。叶互生，叶柄长6～30cm，叶片盾状着生，近圆形，边缘具波状缺刻；叶脉放射状。花单生叶腋，有长柄；花瓣5，近圆形，下部3片基部变窄，边缘具睫毛；花有黄、红、橙、紫、乳白和杂色。

风仙花

拉丁名： *Impatiens balsamina*

别名： 指甲草、急性子、透骨草、七彩风仙　**科属：** 风仙花科风仙花属

原产地： 在我国、印度、中东地区均为传统栽培园艺种，原种不详。

一年生草本。花色丰富，有白、水红、粉、玫瑰红、大红、洋红、匣紫、紫等色。花型多样，而且株型多变，适于花坛、花境、自然景观和盆栽等。适应性强，栽培容易，是我国民间喜爱栽培的草花之一。是小学生自然课种植品种。花期6～10月。喜光，喜温暖，畏寒。适宜深厚、肥沃、湿润、排水良好的微酸性土壤。播种繁殖。自播能力强。种子发芽温度18～25℃；发芽天数5～7天；生长适宜温度15～35℃；播种到开花约70天。

形态特征：株高约 30～70cm。茎肉质，粗壮，直立，上部分枝。叶互生，有时对生；阔或狭披针形，顶端渐尖，边缘有锐齿。花单生或 2～3 朵簇生于叶腋；单瓣者花瓣 5，唇瓣深舟状，有内弯的长距；重瓣品种根据花型不同，又可分为蔷薇型、山茶型、石竹型等。

常见栽培品种：茶花凤仙，花型为大花重瓣，适于花坛、花径、花境、自然种植和盆栽等。栽培同凤仙花。

其他用途：料理、健康美容、染色、花草茶。

花葵

拉丁名：*Lavatera arborea*

别名：美丽花葵　　**科属**：锦葵科花葵属

原产地：原产于欧洲。

一二年生草本。花大，色美，花期长，生命力强，管理粗放，适于庭园、花园或花境栽培；也可作盆栽观赏。花期6～8月。喜光，喜凉爽、湿润气候，较耐寒，适应性较强。对土壤要求不严，在富含有机质、排水良好的土壤上生长良好。播种或扦插繁殖。能自播。种子发芽温度18～25℃；发芽天数8～12天；生长适宜温度15～30℃；播种到开花约90天。

形态特征：株高约1～3m。茎稍木质化。叶互生，轮廓肾形，5～9裂，具柔毛，缘具不规则齿。顶生总状花序或1～4朵生于叶腋；花大，直径约10cm，花冠漏斗形，花瓣5，先端具缺刻或截形；花紫红、粉或白色，有紫红色条纹。

锦葵

拉丁名：*Malva sinensis*

别名：荆葵、钱葵、小钱花　　**科属**：锦葵科锦葵属

原产地：原产于北半球。

一二年生或多年生草本。植株高大，生长势强，易栽培，花期夏季，花色艳丽，可用于花坛、花境，尤其适合在墙前作背景植物，也可作花篱。花期6～10月。喜光，耐寒，耐旱，越冬要求3～5℃以上。不择土壤，以沙质土壤最为适宜。播种或分株繁殖。种子发芽温度18～25℃；发芽天数7～12天；生长适宜温度18～38℃；播种到开花约80天。

形态特征：株高约60～100cm。茎直立，多分枝，被粗毛。叶互生；轮廓圆心形或扇形，具5～7掌状裂，裂片边缘有齿。花数朵簇生于叶腋，花梗长1～2cm；花径约3～4cm；花瓣5枚，倒卵形，先端钝或微凹；花有淡紫、粉红、桃红、白等色，具深色条纹。

三色堇

拉丁名：*Viola tricolor*

别名：蝴蝶花、鬼脸花　　**科属**：堇菜科堇菜属

原产地：原产于欧洲。

多年生草本，常做一二年生栽培。花色为红、蓝、黄、白、黑及复色等品种。适宜盆栽作花坛色块或花境的镶边材料。花期3～5月。喜光，喜冷凉气候，性耐寒。喜疏松、排水良好的沙质土壤。播种繁殖。华北地区8月底在冷棚播种，12月即可开花，一直开到翌年5月，是“五一”节日的常用品种。种子发芽温度18～22℃；发芽天数10～15天；生长适宜温度10～28℃；播种到开花约120天。

形态特征：株高约15cm。茎单一或多分枝。基生叶长卵形或披针形，具长柄；茎生叶卵形、长圆形或长圆状披针形，边缘具稀疏的齿；上部叶叶柄较长，下部者较短。花茎单生叶腋，每茎有花3～10朵；径约3.5cm，杂交种花大，径约5～7cm；花通常兼有紫、白、黄三色，上方花瓣常单色，侧方及下方花瓣基部具斑点或条纹，似猫脸状；有各色品种。

角堇

拉丁名：*Viola cornuta*

别名：蝴蝶花　**科属**：堇菜科堇菜属

原产地：原产于西班牙。

多年生草本，常作一二年生栽培。植株整齐，花朵较三色堇繁密，开花早、花期长，色彩丰富，抗风性强，耐热性较三色堇好，可用于花坛、花境及景观、色块。盆栽观赏效果亦佳。花期 3～6 月。喜光，喜凉爽环境，忌高温，耐寒性强。喜疏松、肥沃土壤。播种繁殖。种子发芽温度 15～20℃；发芽天数 8～12 天；生长适宜温度 15～30℃；播种到开花约 120 天。

形态特征：株高约 15cm。叶卵形，较三色堇细小，边缘具圆齿。花较三色堇小，径约 2～4cm，花色与三色堇相仿，为黄、蓝、蓝紫、橘红、红、白、紫红等及带斑纹。

送春花

拉丁名：*Godetia amoena*
别名：晚春锦、古代稀　**科属**：柳叶菜科古代稀属

原产地：原产于北美洲西部。

一二年生草本。植株低矮，近匍匐，花芽竖立，盛开时，如地毯状，很是艳丽。花色斑斓，可成片种植于花坛、花境；还可盆栽，用于装饰会场、阳台、窗台等处。花期4～6月。喜光，喜凉爽气候，不耐寒。适于夏季凉爽的地区种植。喜排水良好而肥沃的沙质壤土。播种繁殖。种子发芽温度20～25℃；发芽天数10～15天；生长适宜温度18～30℃；播种到开花约90天。

形态特征：株高约20～40cm。直立，多分枝。叶披针形至卵状披针形、条形，常有小叶簇生于叶腋。单朵或数朵簇生成简单的穗状花序着生于分枝顶端；单瓣品种花瓣4，花径3～6cm，有锦缎般的丝光；有白、雪青、粉、红、紫红等多种花色，浅色花瓣基部或中央常有深色斑块，而深色花瓣的斑块则为浅色；有重瓣品种。

欧洲报春

拉丁名：*Primula acaulis*

别名：德国报春、西洋樱草、欧洲樱草　**科属**：报春花科报春花属

原产地：原产于欧洲西部和南部。

一二年生草本。是早春开花的种类之一，栽培条件下，可于元旦、春节期间开花，是国际市场上十分畅销的冬季盆花；也可用于花坛及花境。花期1～4月。较耐阴，喜凉爽、湿润环境，空气湿度50%左右较适宜，忌暴晒，不耐高温，性强健，耐寒，10℃左右可越冬，夜间温度不低于10℃可正常开花。适宜肥沃、排水良好，pH5.5～6.5的土壤。播种繁殖。种子发芽温度15～20℃；发芽天数8～15天；生长适宜温度15～25℃；播种到开花约120天。

形态特征：株高约15～20cm。植株丛生。叶基生；长椭圆形，叶脉深凹。伞形花序生枝顶；花冠漏斗状，5瓣裂，每一裂片先端通常2裂；花芳香，花色有大红、粉红、紫色、蓝色、黄、橙、白等，一般花心为黄色。

其他用途：料理、香精、健康美容、花草茶。

四季报春

拉丁名：*Primula obconica*

别名：四季樱草　**科属**：报春花科报春花属

原产地：原产于我国。

多年生草本，常作一二年生栽培。花期 12 月至翌年 3 月。可连续不断开花 4 个月，株形小巧，适宜盆栽观赏，是冬、春季节很好室内观赏花卉。喜半阴，喜冷凉、潮湿的环境，耐寒冷，但最低温度不能低于 5℃。要求中性或微酸，富含腐殖质、排水良好的土壤。播种繁殖。种植时表面可以不覆土。种子发芽温度 15～18℃；发芽天数 10～15 天；生长适宜温度 15～20℃；播种到开花约 180 天。

形态特征：株高约 30cm。茎较短，为褐色。叶基生，有长柄；叶片圆形或长圆状卵形，叶缘有浅波状裂或缺刻，叶面较光滑，叶背密生白色柔毛。伞形花序；花冠漏斗形；有红、黄、紫、白、蓝等色，色彩艳丽。

勿忘我

拉丁名：*Limonium sinense*

别名：补血草　**科属**：蓝雪科补血草属

原产地：原产于我国南北各地的沿海地区。

多年生草本，常作一年生栽培。花冠膜质，粉色、白色、黄色、蓝色、红色等，经久不落，花小、素雅，生长快，花期长，可用于花境布置；也可盆栽。是天然的干切花，可于花期带梗剪下，插花瓶观赏，2～3 年不变形、变色。花期 6～7 月。设施栽培者，不同品种的花期可覆盖全年。喜光，喜凉爽，性耐寒。喜疏松、湿润、富含有机质的土壤。播种繁殖。种子发芽温度 18～22℃；发芽天数 8～15 天；生长适宜温度 18～35℃；播种到开花约 90 天。

形态特征：株高约 40～50cm。叶基生；倒卵状长圆形至披针形。花序伞房状，多级分枝，末级小枝扁，具二棱；萼片大，漏斗状，先端 5 裂，膜质，色鲜艳，花后经久不落，为主要观赏部位；花瓣 5，基部联合。

情人草

拉丁名：*Limonium suworowii*

别名：索罗补血草、虎尾草、土耳其长筒补血草　**科属**：蓝雪科补血草属

原产地：原产于欧洲地中海沿岸。

一年生草本。茎直立，有分枝。花粉红色至紫色，花小素雅，开花别致，生长快，花期长，适合作花境。也可盆栽观赏。花期6～8月。喜半阴，喜凉爽气候，耐寒。要求疏松、湿润、富含有机质的土壤。播种繁殖。种子发芽温度20～25℃；发芽天数6～10天；生长适宜温度18～30℃；播种到开花约90天。

形态特征：株高约30～50cm。全株被粗毛。叶基生，长圆状披针形，边缘波状。圆锥花序，叉状分枝，分枝呈穗状花序状；萼膜质；小花花冠5裂。

福禄考

拉丁名：*Phlox drummondii*

别名：小天蓝绣球、香福禄考、小洋花　**科属**：花荵科天蓝绣球属

原产地：原产于北美洲南部。

一年生草本。花多而密，花色有白、粉、红、玫瑰红、蓝、紫及一瓣二色等品种，花期长，管理较为粗放，为花坛、花境的配植材料；也可盆栽观赏。花期 5～7 月。喜光，喜凉爽，稍耐寒，不耐高温。宜轻松、肥沃、富含有机物、排水良好的中性土壤。抗二氧化硫能力强，对氯气也有一定的抗性。播种繁殖。种子发芽温度 18～25℃；发芽天数 8～12 天；生长适宜温度 15～30℃；播种到开花约 90 天。

形态特征：株高约 20～40cm。茎直立，单一或分枝。下部叶对生，上部叶互生；宽卵形至披针形，先端锐尖；无叶柄。圆锥状聚伞花序顶生；花冠高脚碟状，径约 2cm；先端裂成 5 瓣状，裂片近圆形。

同属常见栽培种：天蓝绣球（*Phlox paniculata*），别名宿根福禄考，多年生草本；原产于北美洲东部；茎直立，株高约 60～100cm。

天蓝绣球

天蓝绣球

三色旋花

拉丁名：*Convolvulus tricolor*

别名：小喇叭花、三色朝颜　**科属**：旋花科旋花属

原产地：原产于欧洲地中海沿岸至非洲北部。

一年生草本。每朵花只能开放 1 天的时间，朝开暮落，所以叫朝颜。花多繁密，色彩斑斓，栽培容易，管理粗放，适合作花境及地被植物；也可盆栽。花期 6～9 月。喜光，喜温暖、潮湿。对土壤要求不严。播种繁殖。种子发芽温度 18～25℃；发芽天数 8～12 天；生长适宜温度 15～35℃；播种到开花约 80 天。

形态特征：株高约 20～30cm。茎蔓生，近匍匐。叶长椭圆形，先端尖。聚伞花序；花冠喇叭形，直径约 4～5cm；每朵花通常具 3 种颜色，外缘紫蓝或粉红、桃红，内有白色星型区块，喉部黄色。

牵牛花

拉丁名：*Pharbitis nil*
别名：喇叭花　**科属**：旋花科牵牛属

原产地：原产于热带美洲。我国各地广泛栽培，已归化。

一年生草本。攀缘如藤蔓，叶阔心形，花形如小喇叭，花朵晨开午收，日日荣谢，绵延不绝。适合于庭院棚下篱边栽培。花期 7～10 月。喜光，喜温暖。对土壤要求不严，栽培容易。播种繁殖。种子发芽温度 18～25℃；发芽天数 8～12 天；生长适宜温度 18～35℃；播种到开花约 90 天。不耐移栽。自播能力强。

形态特征：茎细长，匍匐地面或攀爬于它物上。叶宽卵形或近圆形，通常为 3 裂。花 1～3 朵腋生；萼片 5；花冠漏斗状，似喇叭。花粉红、蓝紫、白及带白色斑条的粉及蓝紫色。常见栽培者还有圆形叶及重瓣的种及品种。

羽叶茑萝

拉丁名：*Quamoclit pennata*

别名：茑萝松、红五星、新娘花　　**科属**：旋花科茑萝属

原产地：原产于热带美洲。

一年生草本，在热带地区为多年生。攀缘能力强，叶片似羽毛，层层似绿云缭绕，花深红色，花多，花期长，观赏价值高。可盆栽搭架或于篱墙边种植。花期6～10月。喜光，喜温暖。对土壤要求不严。栽培容易，自播能力强。播种繁殖。种子发芽温度20～25℃；发芽天数8～12天；生长适宜温度15～35℃；播种到开花约80天。

形态特征：茎可长到6～7m。叶轮廓卵形或长卵形，羽状深裂，裂片线形。花腋生，1～3朵组成聚伞花序；花冠高脚碟状，先端5浅裂，呈五角星形，径约2cm。

美女樱

拉丁名：*Verbena hybrida*

别名：四季绣球、匍匐美女樱　　**科属**：马鞭草科马鞭草属

原产地：原产于南美洲的巴西、秘鲁、乌拉圭等地。

多年生草本，常作一年生栽培。植株铺覆地面，穗状花序顶生，多数小花密集排列呈伞房状，花色丰富，花期长，株形丰满，抗性强，适宜盆栽、花坛、花境及景观色块应用。花期6～10月。喜光，不耐寒，喜肥。适宜通气、排水良好的土壤。播种或扦插繁殖。种子发芽温度20～25℃；发芽天数10～15天；生长适宜温度15～35℃；播种到开花约90天。

形态特征：株高约20～40cm。茎四棱，低矮粗壮，丛生而铺覆地面。叶对生，有短柄；长圆形、卵圆形或披针状三角形，边缘具缺刻状粗齿或整齐的圆钝锯齿。穗状花序顶生，多数小花密集排列呈伞房状；花萼细长筒状；花冠漏斗状，5裂，顶端微凹；花色有白、粉红、深红、紫、蓝等，略具芬芳。

一串红

拉丁名：*Salvia splendens*

别名：鼠尾草、塞尔维亚　　**科属**：唇形科鼠尾草属

原产地：原产于巴西。

多年生草本，常作一二年生栽培。是节日传统用花。花色变异品种较多，我国应用以红色为主。色彩绚丽，主要作盆栽摆放或花坛、花境种植。花期 7～10 月。喜光，喜温暖、湿润的环境，不耐寒，10℃以下开始落叶。要求疏松、肥沃及排水良好的沙质土壤。播种或扦插繁殖。种子发芽温度 20～25℃；发芽天数 8～12 天；生长适宜温度 20～35℃；播种到开花约 90 天。因种子表面有黏液，在沙质土壤中种植，发芽率较高。冬季要在温室及室内种植。

形态特征：株高约 30～70cm。叶对生；叶片卵形，先端渐尖；两面无毛。轮伞花序具 2～6 花，密集成顶生的假总状花序；花萼钟形，绯红色；花冠唇形；红色。小坚果卵形，有 3 棱，平滑。

常见栽培变种：一串白、一串紫、矮串红等。

贝壳花

拉丁名：*Molucella laevis*

别名：领圈花　**科属**：唇形科领圈花属

原产地：原产于亚洲西部。

一二年生草本。花形奇异，素雅美观，具芳香；是世界流行的重要插花衬材，也可用于花境或盆栽观赏。花期 7～8 月。喜光，喜排水良好的土壤。播种或扦插繁殖。种子发芽温度 20～25℃；发芽天数 7～15 天；生长适宜温度 20～35℃；播种到开花约 90 天。

形态特征：株高约 30～45cm。通常不分枝。叶对生；心脏状圆形，疏生钝齿，叶柄与叶近等长。花 6 朵轮生；萼筒大，绿色，喇叭样；小花白色，花冠唇形，着生于萼筒底部。

蓝花鼠尾草

拉丁名：*Salvia farinacea* 'Victoria'

别名：一串蓝、维多利亚　**科属**：唇形科鼠尾草属

原产地：原产于墨西哥。

多年生草本，常作一二年生栽培。穗状花序，花深蓝色至蓝紫色，作花境效果最佳；亦可做盆花或作切花。花期7～10月。喜光，不耐阴，耐寒性强。喜疏松、肥沃的土壤。播种繁殖。种子发芽温度18～25℃；发芽天数10～20天；生长适宜温度15～30℃；播种到开花约90天。

形态特征：株高约30～50cm。茎直立。下部叶卵圆形至披针形；上部叶披针形，边缘波皱或具不规则齿。顶生穗状花序，花梗长，蓝色；花冠唇形，下唇3裂，中裂片大；花青蓝色，靠近喉部有2白斑。

其他用途：花芳香，可提炼精油。

彩苞花

拉丁名：*Salvia viridis*

别名：蓝蝶鼠尾草、粉蝶鼠尾草　**科属**：唇形科鼠尾草属

原产地：原产于欧洲南部。

一年生草本。彩色苞片为主要观赏部位。适宜作盆栽、花坛、花境、切花及景观植物。花期6～9月。喜光，稍耐阴，耐寒性强。喜疏松、肥沃的土壤。播种繁殖。种子发芽温度18～25℃；发芽天数10～25天；生长适宜温度15～35℃；播种到开花约90天。生长迅速。

形态特征：株高约40～60cm。茎直立，具分枝，全株有毛。叶对生，卵圆形至长椭圆形。顶生穗状花序；花小，管状，唇形，蓝色或粉色；萼片绿色；开花时植株上部先开的花及萼片逐渐脱落，苞片变大，并转为与花相类似的颜色。

其他用途：花芳香，可招引各种蜂类。叶片和种子可做调味品。叶片和花可做防腐剂，制药有镇痛作用。

花烟草

拉丁名：*Nicotiana × sanderae*

别名：烟草花　**科属**：茄科烟草属

原产地：原产于南美洲。

一年生草本。多花，花期长，株形整齐，适于花坛、花境、地被景观应用；也可盆栽。花期8～10月。喜光，也耐阴，耐热。喜肥沃、排水良好的沙质土壤。播种繁殖。种子发芽温度18～25℃；发芽天数10～15天；生长适宜温度18～35℃；播种到开花约80天。种子非常细小，需要1：100配细砂土拌种，表面不用覆土。能自播。

形态特征：株高约30～50cm。全株密被腺毛。茎直立，基部木质化。叶互生；披针形或长椭圆形。疏松的总状花序顶生；花冠高脚碟状，先端裂片5，呈星形；有红、粉红、紫红、淡黄、白及绿等色；雌、雄蕊均不伸出花冠筒外。

矮牵牛

拉丁名：*Petunia hybrida*

别名：碧冬茄、灵芝牡丹、毽子花　**科属**：茄科碧冬茄属

原产地：原产于南美洲。

多年生草本，常作一二年生栽培。色彩斑斓，花量繁多，株形美观，富于变化。常规品种主要用来做景观设计及花境。杂交品种花大。花期4～10月。喜光，喜温暖，不耐寒。宜肥沃、排水良好的土壤。播种或扦插繁殖。种子发芽温度20～25℃；发芽天数7～10天；生长适宜温度15～35℃；播种到开花约90天。因种子非常细小（千粒重约0.1g），播种时1份种子需拌100倍的细砂土，种子表面不覆土。

形态特征：株高约20～30cm。有丛生和匍匐型。叶卵形，先端急尖。花生于叶腋；萼片5深裂；花冠喇叭状，有单瓣、重瓣、瓣缘皱褶或呈不规则锯齿等。花色主要有红、粉、玫红、蓝紫、白及带白条斑等。

智利喇叭花

拉丁名：*Salpiglossis sinunata*

别名：大花美人襟、朝颜烟草　　**科属**：茄科美人襟属

原产地：原产于南美洲。

一年生草本。花具天鹅绒般光泽，色彩富丽、繁华，适宜作花坛、花境及大面积地被景观。花期 4～6 月。喜光，喜凉爽气候，耐寒，忌干燥，但过湿易引起茎基部腐烂。喜肥沃、疏松、湿润的沙质壤土。播种繁殖。种子发芽温度 18～23℃；发芽天数 7～10 天；生长适宜温度 15～30℃；播种到开花约 90 天。

形态特征：株高约 30～60cm。茎直立，稍分枝。全株具腺毛。下部叶椭圆形或长椭圆状披针形，边缘具波状齿或羽状中裂；上部叶全缘，近线形。花大，径 5～7cm，漏斗状，花冠 5 裂，裂片先端具 V 形凹陷；花色有黄、红、粉红、蓝、紫、白等，上有蓝、黄、褐、红色条纹。

蛾蝶花

拉丁名：*Schizanthus pinnatus*
别名：蛾蝶草　**科属**：茄科蛾蝶花属

原产地：原产于智利。

一年生草本。花多，繁茂，色彩绚丽，开花整齐，宜用于春季花坛布置或作切花。花期3～5月。喜光，喜凉爽气候，耐寒，耐最低温度5℃，忌高温、多湿，要求通风环境。喜肥沃、排水良好的土壤。播种繁殖。种植时表面覆土不超过1cm即可。种子发芽温度15～18℃；发芽天数7～14天；生长适宜温度15～30℃；播种到开花约110天。

形态特征：茎直立。丛生。株高约30～60cm，疏生微黏腺毛。单叶互生；1～2回羽状全裂，裂片全缘或成粗齿。圆锥花序顶生，花多数；花大，径20～40cm；花冠深裂、开展，两侧对称，似蝴蝶形，裂片变化多；花色丰富，有白、粉红、红、紫等色，通常喉部有黄斑，并有紫堇色斑点。

金鱼草

拉丁名：*Antirrhinum majus*

别名：龙头花、洋孔雀　**科属**：玄参科金鱼草属

原产地：原产于地中海一带。

多年生草本，常作一年生栽培。花形奇特，花色丰富多变，花期长，为草坪或花坛边缘栽植的好材料。矮型及中型品种可盆栽，高型品种可作切花。花期3～5月。喜光，半阴条件下，植株生长偏高，花序伸长，花色较淡，怕酷热，较耐寒。播种繁殖。种子发芽温度18～25℃；发芽天数6～10天；生长适宜温度18～30℃；播种到开花约90天。种子非常细小，应1：100配比细砂土拌匀播种，不用覆土。能自播。

形态特征：株高约20～70cm。叶上部互生，下部对生；叶片长圆状披针形。总状花序顶生；花冠筒状唇形，基部膨大成囊状，上唇直立，2裂，下唇3裂；花有红、粉、黄、橙黄、紫、白、肉色 及间色者。

蒲包花

拉丁名：*Calcedaria herbeohybrida*
别名：荷包花　**科属**：玄参科蒲包花属

原产地：原产于南美洲热带地区。

多年生草本，常作一二年生栽培。为蒲包花属3个种的杂交园艺后代。植株袖珍，花形奇特，花色绚丽，比较娇气，多作年宵盆花栽培；也可用于花坛、花境摆放。花期2～5月。喜光，但怕夏季烈日曝晒，喜凉爽、湿润、通风的气候，忌寒冷，忌积水。7～15℃条件下生长良好。15℃以上营养生长，10℃以下经过4～6周间即可花芽分化。喜疏松、富含腐殖质的微酸性沙质土。播种或扦插繁殖。种子发芽温度15～20℃；发芽天数7～12天；生长适宜温度15～30℃；播种到开花约100天。种子细小，需1：100细砂土拌种，种植时表面不覆土。长日照花卉，开花冬季需补光。

形态特征：株高约10～15cm。有分枝。叶对生或轮生；长椭圆形或卵形，两面有绒毛。伞形花序顶生；花冠二唇状，上唇小，稍向前伸，下唇膨大成蒲包状，中间形成空室；花色有红、黄、橙、紫、粉、白等，上面密布许多紫红、深褐或橙红色小斑点。柱头着生在二唇瓣之间。

猴面花

拉丁名：*Mimulus moschatus*

别名：沟酸浆、锦花沟酸浆　　**科属**：玄参科沟酸浆属

原产地：原产于智利。

多年生草花，常作一二年生栽培。株形低矮。花大、色艳，有斑纹，很是美丽，适宜花坛、花境及作地被植物应用；也可盆栽。花期4～6月。喜光，喜干燥、冷凉气候，较耐湿，较耐寒，但不能受冻害，越冬温度需在2℃以上。喜疏松、肥沃、排水良好的土壤。播种、扦插或分株繁殖。种子发芽温度18～25℃；发芽天数10～15天；生长适宜温度15～30℃；播种到开花约90天。种子细小。生长期需多次摘心，促使分枝。

形态特征：株高约30～40cm。茎粗壮，中空，伏地处节上生根。叶对生；宽卵圆形，长宽近相等，上部略狭。稀疏总状花序腋生；花冠筒筒状，花冠漏斗状，二唇形，上唇2裂，下唇3裂；通常红色或黄色，有紫红色斑块或斑点。

龙面花

拉丁名：*Nemesia strumosa*

别名：耐美西亚　**科属**：玄参科龙面花属

原产地：原产于南非。

一年生草本。花色有黄白、淡黄、深黄、橙红、深红、红、粉红、紫红等复色，色彩多变，花形独特，是早春装点花坛、花境的理想品种。适宜盆栽。花期 3～6 月。喜光，喜温暖气候。要求疏松、排水良好而富含腐殖质的土壤。播种繁殖。种子发芽温度 18～22℃；发芽天数 8～12 天；生长适宜温度 15～30℃；播种到开花约 90 天。种子细小，应 1：100 与细沙土拌种撒播，表面不覆土。华北地区 8 月底于冷棚播种，次年 3、4 月份即可开花；春播 7 月份开花。

形态特征：株高约 10～20cm。多分枝。叶对生；基生叶长圆状匙形、全缘；茎生叶披针形。总状花序着生于分枝顶端，伞房状；花冠 2 唇形，上唇 4 裂，下唇先端微凹；喉部黄色，有深色斑点和须毛。

夏堇

拉丁名：*Torenia fournieri*

别名：蓝猪耳、蓝翅蝴蝶草　**科属**：玄参科蝴蝶草属

原产地：原产于中南半岛。

一年生草本。花朵小巧，花色丰富，花期长，生性强健，适合阳台、花坛等种植。花期7～10月。喜光、耐半阴，喜高温，耐炎热。对土壤要求不严。需肥量不大，在肥沃、湿润的土壤上开花繁茂。播种繁殖。种植时表面覆土不超过0.5cm即可。种子发芽温度18～25℃；发芽天数10～15天；生长适宜温度18～35℃；播种到开花约90天。

形态特征：株高约20～30cm。茎直立，四棱形，分枝多，呈披散状，株形整齐而紧密。叶对生；卵形或卵状披针形，边缘有锯齿。花2～3朵顶生或腋生；唇形花冠；花萼膨大，萼筒上有5条棱状翼；花色有紫青、桃红、蓝紫、深桃红及紫色等，下唇有黄色斑点。

紫盆花

拉丁名：*Scabiosa atropurpurea*

别名：轮锋菊、松虫草　**科属**：川续断科山萝卜属

原产地：原产于欧洲南部。

一二年生草本。花有白，粉，红，紫，蓝等深浅不一色。花形、花色独特，花期长，适宜作花坛、花境及小区景观。也可盆栽观赏及用于作切花。花期6～9月。喜光，喜通风、湿润、凉爽环境，耐寒，忌炎热和雨涝。宜肥沃、疏松、排水良好的土壤。播种繁殖。种子发芽温度18～22℃；发芽天数8～12天；生长适宜温度20～35℃；播种到开花约90天。

形态特征：株高约20～50cm。茎多分枝，微具棱。基生叶匙形，不分裂或琴状羽裂；茎生叶对生，羽状深裂至全裂；上部叶披针形，全缘。头状花序单生枝顶，花序半球形；小花具芳香，呈放射状排列，花冠筒状，4～5裂，花序边缘小花较大，二唇形，上唇2裂，较短；下唇3裂。

翠蝶花

拉丁名：*Lobelia erinus*

别名：六倍利、南非半边莲、山梗菜　　**科属**：桔梗科半边莲属

原产地：原产于南非。

多年生草本，常作一二生栽培。半蔓性，花蓝色、紫色或粉红色，喉部白色或淡黄色，为花坛、花境镶边材料及良好的地被花卉；亦可盆栽垂吊观赏。花期4～6月。喜光，喜凉爽，忌酷热及霜冻。适宜湿润、排水良好、富含腐殖质的土壤。播种繁殖。种子发芽温度20～25℃；发芽天数6～10天；生长适宜温度20～30℃；播种到开花约100天。种子细小，需1：100用细沙土拌种，播后不覆土。长日照、低温条件下开花。

形态特征：株高约15～25cm。分枝纤细。叶互生；茎上部叶较小，披针形；近基部的叶稍大，广匙形。总状花序，花顶生或腋出；花冠二唇形，上唇2裂片较小，下唇3裂片较大，形似蝴蝶展翅。

雏菊

拉丁名：*Bellis perennis*

别名：延命菊、春菊、马兰头花、玛格丽特　**科属**：菊科雏菊属

原产地：原产于欧洲。

多年生草本，常作一二年生栽培。早春开花，植株低矮、整齐，外观古朴，花朵娇小玲珑，色彩和谐，生机盎然，适宜作早春花坛、花境的边缘材料；也可作盆花栽培。花期12月至翌年4月。喜光，不耐阴，喜凉爽，耐寒，怕炎热、潮湿，10～25℃开花最好，超过30℃开花停止，在3～4℃的条件下可露地越冬。喜肥沃、疏松、排水良好的沙质壤土。播种繁殖。种子发芽温度15～20℃；发芽天数8～12天；生长适宜温度15～28℃；播种到开花约120天。华北地区9月上旬播种，入冬移到冷棚。

形态特征：株高约10～15cm。叶长匙形或倒卵形，前半部边缘有疏齿或波状齿，丛生呈莲座状。通常每株抽花莛约10来支，头状花序单生，径3～5cm；舌状花多层，条形；花色有白、粉、深红、紫红等。

五色菊

拉丁名：*Brachycome iberidifolia*
别名：雁河菊　**科属**：菊科五色菊属

原产地：原产于澳大利亚。

一年生草本。分枝多，株型整齐、紧凑，花繁茂，花色淡雅、美丽，花期较长。适于花境、花坛或地被栽培；也可盆栽观赏。花期6～10月。喜光，喜凉爽、干燥环境，不耐高温，也不耐寒。适生于排水良好的土壤中。播种繁殖。种子发芽温度18～22℃；发芽天数8～12天；生长适宜温度15～30℃；播种到开花约70天。

形态特征：株高约30～45cm。多分枝。叶互生，羽状分裂，裂片条形。头状花序顶生或腋生，径3～4cm；外周舌状花1轮，雌性，蓝、玫红或白色；中央管状花两性，黄色，有香味。

金盏菊

拉丁名：*Calendula offcinalis*

别名：黄金盏、金盏花　　**科属**：菊科金盏花属

原产地：原产于欧洲南部。

一二年生草本。枝繁叶茂，栽培简便，适应强，花色艳丽、明亮，是早春园林中常见的草本花卉。适宜用于花坛、花带及花境，也可作为草坪的镶边花卉或盆栽观赏。长梗大花品种可用于切花。花期 2～5 月。喜光，喜凉爽气候，耐寒性好。对土壤要求不严，以疏松、肥沃、微酸性的土壤最好。播种繁殖。种子发芽温度 18～20℃；发芽天数 6～10 天；生长适宜温度 10～30℃；播种到开花约 90 天。北京 9 月份于冷棚播种，次年 4 月可开花，是“五一”节的用花品种。能自播。

形态特征：株高约 20～30cm。全株具毛。叶互生，呈长椭圆形，基部抱茎；茎下部的叶子呈匙形。头状花序顶生；每朵花的边花为舌状花，中央为筒状花；花色从淡黄至橙红。

翠菊

拉丁名：*Callistephus chinensis*

别名：江西腊肠、一年生紫菀　**科属**：菊科翠菊属

原产地：原产于我国华北及山东、云南、四川等地。俄罗斯及朝鲜半岛也有分布。

一二年生草本。色彩丰富，花型多样，花期长，是我国传统庭院花卉之一。有大型、中型、矮型种。矮型可作为盆栽、花坛及色块用花；高型可用于花境或作切花。花期6～10月。喜光，长日照开花。喜肥沃、疏松、排水良好的土壤。播种繁殖。易发芽。种子发芽温度20～25℃；发芽天数6～10天；生长适宜温度20～35℃；播种到开花约100天。不耐重茬。

形态特征：株高约20～80cm。茎直立，上部分枝多。叶互生，中部叶片卵形至长椭圆形，有粗钝锯齿；下部叶有柄。头状花序大，单生枝顶，径4～10cm；单瓣品种边花为舌状花，中央为筒状花，重瓣品种通常完全由舌状花组成。

矢车菊

拉丁名：*Centaurea cyanus*

别名：蓝芙蓉、芙蓉矢车菊　**科属**：菊科矢车菊属

原产地：原产于欧洲东南部至亚洲西部。

一二年生草本。适宜盆栽、切花、花坛及花境。花期4～5月或8～10月。喜光，不耐阴湿，耐寒。喜肥沃、疏松的沙质土壤。播种繁殖。种子发芽温度18～22℃；发芽天数8～10天；生长适宜温度18～30℃；播种到开花约70天。生命力强，能自播。直根系，不耐移植。

形态特征：高20～50cm。直立，多分枝，茎、叶均具白色绵毛。基生叶及下部叶长椭圆状披针形至线状披针形，常有齿或羽裂；上部叶线形，全缘。头状花序在枝顶排成伞房或圆锥花序；边缘花大，漏斗状，先端5～8裂，中央花小；花呈白、红、海蓝、玫瑰、紫等色，但多为蓝色。

其他用途：健康美容、花草茶。

山矢车菊

拉丁名：*Centaurea moschata*

别名：香芙蓉、香矢车菊　科属：菊科矢车菊属

原产地：原产于欧洲至亚洲西部。

一年生草本。具芳香；花色清醇，花期持久，花梗长、笔直，是切花及作花境的优良材料。花期4～5月或7～10月。喜光，耐寒。喜肥沃的沙质土壤。播种繁殖。种子发芽温度18～25℃；发芽天数6～10天；生长适宜温度18～30℃；播种到开花约80天。直根系，不耐移栽。

形态特征：株高约40～60cm。叶互生；宽披针形，全缘或齿牙缘、波状缘，幼时为银白色。头状花序，径5cm左右；边花发达；花色有粉、黄、蓝、白、淡紫等。

花环菊

拉丁名：*Chrysanthemum carinatum*
别名：三色菊　**科属**：菊科茼蒿属

原产地：原产于非洲北部的摩洛哥。

一二年生草本。花色绚丽，花期长，园林中可用于布置花坛或花境；室内盆栽最好用生长素对植株进行矮化处理。花期6～9月。喜光，也较耐阴，性喜凉爽气候，不耐寒，适宜温度15～30℃，25℃以下有助于延长花期。不择土壤，田园土、微酸性土、沙壤土均能生长，最宜深厚、肥沃的沙壤土。播种繁殖。种子发芽温度20～25℃；发芽天数7～10天；生长适宜温度15～35℃；播种到开花约100天。

形态特征：株高约30～70cm。茎直立多分枝。叶轮廓椭圆形或卵状披针形，2回羽状深裂。头状花序顶生；边缘舌状花1轮，有黄、白、红、粉、紫等色，常2～3色相间，呈复色环状；中央管状花色深，也呈复色环状。

黄晶菊

拉丁名：*Chrysanthemum multicaule*
别名：春梢菊　　**科属**：菊科茼蒿属

原产地：原产于阿尔及利亚。

一二年生草本。开花早，株形低矮、整齐，花多而密，整体花期长，适合于春季花坛、花境及地被植物；也可盆栽观赏。花期3～5月。喜光，喜凉爽的环境，不太耐寒，不耐高温，越冬温度要在－5℃以上；温度30℃以上时生长不良，逐渐枯死。不择土壤，在疏松、肥沃、湿润、排水良好的壤土或沙质壤土中生长最佳。播种繁殖。种子发芽温度15～20℃；发芽天数7～15天；生长适宜温度15～25℃；播种到开花约80天。

形态特征：株高约25～35cm。茎半匍匐，短。叶丛贴近地面；叶肉质，长匙形，边缘具波状齿。头状花序顶生，花莛长而柔软；边缘舌状花瓣片倒卵形，黄色；中央管状花亦为黄色。

白晶菊

拉丁名：*Chrysanthemum paludosum*

别名：晶晶菊　**科属**：菊科茼蒿属

原产地：原产于非洲北部及西班牙。

一二年生草本。株高长到15cm即可开花，花期从早春至初夏，3～5月是其盛花期。植株低矮而强健，多花，花期早，花期长，成片栽培耀眼夺目，适合早春花坛、花境应用；也可盆栽、组合盆栽观赏。生长习性同黄晶菊。播种繁殖。种子发芽温度15～20℃；发芽天数7～15天；生长适宜温度15～25℃；播种到开花约80天。

形态特征：株高约15～35cm。茎直立。叶稍肉质，基部叶簇生，茎叶互生，轮廓长椭圆形至长倒卵形，1～2回羽裂。头状花序顶生，花径3～4cm；边缘舌状花亮白色，瓣片长椭圆形，先端微凹；中央管状花黄色；有粉红、红色花的品种。

波斯菊

拉丁名：*Cosmos bipinnata*

别名：秋英、大波斯菊、对叶梅、扫帚梅　**科属**：菊科秋英属

原产地：原产于墨西哥。

一年生或多年生草本。花色美丽，叶片秀雅，适应性较强，高秆品种适宜作花境、景观及花丛；矮生品种可盆栽。花期7～10月。喜光，喜凉爽、通风的环境，耐干旱、瘠薄。对土壤要求不严，但不能积水。土壤肥沃，易引起枝叶徒长，影响开花质量。播种繁殖。种子发芽温度20～25℃；发芽天数7～10天；生长适宜温度15～35℃；播种到开花约60天。自播能力强，易成活，在许多地区的路旁可见野生归化。

形态特征：株高约40～80cm。细茎直立，分枝较多。单叶对生；二回羽状全裂，裂片狭线形。头状花序单生，径5～8cm；外轮舌状花花瓣8枚，先端呈齿状；有粉、深红、白、紫等色；中央筒状花黄色。

硫华菊

拉丁名：*Cosmos sulphureus*
别名：黄秋英、黄波斯菊、硫黄菊　**科属**：菊科秋英属

原产地：原产于墨西哥。

一年生草本。植株生长强壮，花开繁茂，适宜花坛、花境及地被景观应用。矮生种适合盆栽观赏。花期6～10月。喜光，耐热，耐湿，不耐寒。对土壤要求不严。播种繁殖。种子发芽温度18～25℃；发芽天数6～10天；生长适宜温度18～35℃；播种到开花约60天。自播能力强。在云南西南部、南部可见野生归化。

形态特征：株高约40～60cm。多分枝。叶对生；2～3回羽状深裂，裂片披针形至椭圆形，有短尖，叶缘粗糙。头状花序生于枝顶；边缘舌状花花瓣多重，长椭圆形或倒卵形，先端齿裂，花色在黄、金黄、橘黄间变化；中央管状花呈黄色至褐红色。

绸缎花

拉丁名：*Dimorphotheca sinuate*

别名：异果菊、铜钱花　**科属**：菊科异果菊属

原产地：原产于南非。

一年生草本。花在晴天上午开放，午后逐渐闭合，花大亮丽，似绸缎一样有光泽，可做花坛、花境或切花材料。亦可盆栽观赏。花期4～6月。喜光，喜温暖，不耐寒，长江以北地区均需保护越冬，忌炎热。要求疏松、排水良好的土壤。播种繁殖。种子发芽温度20～25℃；发芽天数7～10天；生长适宜温度15～30℃；播种到开花约90天。在良好的环境条件下，能自播。

形态特征：株高约20～30cm。自基部分枝，分枝多而披散。叶互生，茎下部叶长圆形至披针形，叶缘有深波状齿；上部叶小，无柄。头状花序顶生；舌状花正面白色、黄色、橙黄色，具光泽，基部紫色或紫铜色；管状花黄色。

天人菊

拉丁名：*Gaillardia pulchella*

别名：虎皮菊　**科属**：菊科天人菊属

原产地：原产于北美洲。

一年生草本。色彩富丽，花期长，生性强建，栽培管理简单，适合用于花坛、花丛、花境。花期6～9月。抗风性好、耐旱，是很好的沙地绿化、美化植物。喜光，耐半阴，耐干旱、炎热，不耐寒。宜排水良好的疏松土壤。播种繁殖。种子发芽温度18～25℃；发芽天数8～12天；生长适宜温度15～30℃；播种到开花约80天。

形态特征：株高约30～50cm。茎直立，多分枝，披柔毛。单叶互生；下部叶匙形或倒披针形，边缘具波状齿或浅裂、深裂；上部叶小，长椭圆形，全缘或有浅裂。头状花序单生枝顶，径30～50cm；边缘舌状花宽楔形，先端2～3裂；中央为管状花。瘦果银白色。

常见栽培变种：矢车天人菊（*Gaillardia pulchella* var.*picta*），别名重瓣天人菊，舌状花以至花盘中心的筒状花都发育成漏斗状。

麦秆菊

拉丁名：*Helichrysum bracteatum*

别名：蜡菊、贝细工　　**科属**：菊科蜡菊属

原产地：原产于澳大利亚。

一年生草本。色彩绚丽，生长健壮，经久不凋，适宜作花坛、花境配置；也可盆栽。其花膜质发亮，如涂了蜡，干后不凋落，是制作干花的良好材料。花期 7～9 月。喜光，不耐寒，栽培中施肥不宜过多，否则花繁，色不佳。喜深厚、湿润、排水良好的土壤。播种、扦插、压条繁殖。种子发芽温度 20～25℃；发芽天数 7～10 天；生长适宜温度 20～35℃；播种到开花约 100 天。

形态特征：株高约 30～100cm。茎直立，粗壮，多分枝。叶互生；长椭圆状披针形，全缘，具短柄。头状花序单生枝顶，径 3～6cm；总苞片多层，覆瓦状排列，干膜质，具光泽，形似花瓣，有白、粉、橙、红、黄等色；雌花丝状；两性花管状，位于花盘中心，黄色。栽培品种有高型、中型、矮型、大花型、小花型之分。

其他用途：健康美容，花朵摘下后即可当花茶用。

永生菊

拉丁名：*Helipterum roseum*

别名：千年菊、羽冠毛菊、小铁菊　**科属**：菊科小麦秆菊属

原产地：原产于澳大利亚。

一年生草本。主要用作干切花；也适宜于花坛、花境栽培；也可盆栽。花期 7～8 月。喜光，喜温暖气候，通风良好的环境，夏季湿热地区须防止花朵霉烂。一般土壤中均可生长，但以肥沃的沙壤土与向阳地长势最好。播种繁殖。春季直播。种子发芽温度 16～20℃；发芽天数 10～15 天；生长适宜温度 18～35℃；播种到开花约 70 天。

形态特征：株高约 30～50cm。茎直立。叶互生，线形至披针形。头状花序单生枝顶，径 3～5cm；总苞片干膜质，内片渐大，呈花瓣状，粉红或白色。

向日葵

拉丁名：*Helianthus annuus*

别名：葵花、转日莲　**科属**：菊科向日葵属

原产地：原产于北美洲。

一年生高大草本。头状花序极大，开花时金黄一片，壮丽、美观，适应性强，适宜花境、景观及切花。矮生及重瓣品种可以盆栽种植。花期7～10月。喜光，不耐阴，喜温暖，不耐寒。喜肥沃的土壤。播种繁殖。种子发芽温度20～25℃；发芽天数6～8天；生长适宜温度15～40℃；播种到开花约60天。花期一般1个多月。

形态特征：株高约40～180cm。茎直立，粗壮，被白色粗硬毛。叶通常互生；心状卵形或卵圆形，先端渐尖，边缘具粗锯齿；叶两面粗糙；有长柄。头状花序极大，径20～30cm，单生于茎顶或枝端，常下倾；总苞片多层，叶质，覆瓦状排列，被长硬毛；花序边缘为黄色的舌状花，不结实；中部为两性的管状花，结实。

其他用途：常规品种（高1～3m）果仁可供食用或榨油，料理、健康美容。

常见栽培品种：玩具熊向日葵，株高约30～50cm；头状花序单生茎顶，约15～20cm，花金黄色，重瓣，管状半圆形；适合于花境或盆栽。种子发芽温度18～25℃；发芽天数7～15天；生长适宜温度18～30℃；播种到开花约60天。

玩具熊

矮向日葵

南非万寿菊

拉丁名：*Osteospermum* spp.

别名：非洲雏菊、南非雏菊、蓝眼雏菊

科属：菊科蓝眼菊（骨子菊）属

原产地：原产于非洲南部。

多年生草本，常作一二年生栽培。花大，色美丽，易栽培，适宜花坛及花境；也可盆栽。著名的种类有车轮菊，傍晚时花瓣两翼会收卷，奇特、美丽。花期4～6月。喜光，喜冷凉，忌炎热，不耐寒，耐旱。喜富含腐殖质、排水良好的土壤。播种繁殖。种植时表面覆土约1cm。种子发芽温度15～20℃；发芽天数7～10天；生长适宜温度12～25℃；播种到开花约90天。

形态特征：株高约40～60cm。基生叶丛生；茎生叶互生，多为羽裂。头状花序单生，总苞有绒毛；舌状花白、粉红、黄、紫等色，背面淡紫色；管状花蓝紫色、黄色、红紫色。

DALINA® OSTEOSPERMUM
ORIEL
NEW

SANCIA
NEW

大花瓜叶菊

拉丁名：*Pericallis hybrida*

别名：千日莲、瓜叶莲、瓜秧菊　科属：菊科瓜叶菊属

原产地：原产于加那利群岛。

多年生草本，常作一二年生栽培。是春季花卉市场的主销花卉之一，适宜盆栽、花坛及花境。花期12月至翌年4月。喜光，稍耐寒，宜湿润、凉爽、通风良好的环境，忌烈日、高温、积水，开花后温度如控制在13～15℃，花期最长；温度超过22℃，花期变短，因此尤其适宜冬季观花。喜肥沃、疏松、排水良好的沙质土壤。播种繁殖。种子发芽温度18～22℃；发芽天数8～12天；生长适宜温度15～25℃；播种到开花约120天。

形态特征：株高约20～30cm。茎绿色，具短刚毛。叶肾形或宽心形，似瓜叶，边缘具三角状浅裂或钝齿；具叶柄。多数头状花序在花茎顶端簇生成伞房状；边缘舌状花大，花瓣长椭圆形，有白、粉、红、紫红、蓝、紫等色；中央管状花小，黄色。

万寿菊

拉丁名：*Tagetes erecta*

别名：大芙蓉、臭芙蓉　　**科属**：菊科万寿菊属

原产地：原产于墨西哥。

一年生草本。花色黄、金黄、橘黄，花形大，重瓣，花期长，是目前节日主要盆栽用花。常规品种株高约40～60cm，杂交品种株高约20～30cm，整齐度好。花期7～10月。喜光，喜温暖，较耐旱。对栽培基质要求不严。播种繁殖。种子发芽温度18～25℃；发芽天数7～10天；生长适宜温度18～35℃；播种到开花约80天。

形态特征：株高约20～100cm。单叶对生，羽状全裂，裂片长椭圆状披针形，边缘具锯齿，齿端有芒；上部叶有时互生。头状花序着生枝顶，径5～8　cm，可达10cm；总花梗顶端棍棒状膨大；舌状花花瓣上有爪；花色为深浅不同的黄色系；常见栽培者多为重瓣，且花瓣层数很多，呈丰满的半球形。

其他用途：料理、健康美容、花草茶、染色、香味。食用色素万寿菊在我国种植面积很广，主要用于提取食用色素，应用在食品、医药等领域。

孔雀草

拉丁名：*Tagetes patula*

别名：小万寿菊、红黄草　**科属**：菊科万寿菊属

原产地：原产于墨西哥。

一年生草本。花重瓣，色彩纯正艳丽，有黄、橘黄、红黄及复色；花期长，适宜盆栽、花坛、花境及景观用花，是节日用花的主要品种。花期6～10月。喜光，适应性广，植株健壮，栽培容易。喜通气、排水良好的土壤。播种或扦插繁殖。种子发芽温度20～25℃；发芽天数6～10天；生长适宜温度20～35℃；播种到开花约70天。

形态特征：株高约20～40cm。单叶对生；羽状全裂，裂片线状披针形，边缘具锯齿，齿端有芒。头状花序着生枝顶；花径3～5cm；总花梗顶端稍增粗；通常重瓣化不完全，中央有少量管状花；花色由黄色系到红色系，许多品种花瓣兼有2色。

百日草

拉丁名：*Zinnia elegans*
别名：步步高、百日菊、对叶梅、五色梅　**科属**：菊科百日草属

原产地：原产于墨西哥。

一年生草本。花大色繁，开花早，花期长，株型美观，是我国北方常见的春季花坛、花境材料。矮秆品种可盆栽观赏；高秆品种可作切花。花期6～11月。喜光，喜温暖，不耐严寒、酷暑，耐干旱、瘠薄。要求肥沃、排水良好的土壤，忌连作。播种繁殖。种子发芽温度20～25℃；发芽天数6～10天；生长适宜温度15～30℃；播种到开花约70天。20℃以上可播种。小苗具2～3片真叶即可移植。株高约8cm时留基部二对叶摘心，促使腋芽生长，多分枝、植株粗壮。

形态特征：茎粗壮直立。杂交种株高约20～30cm，花朵大；常规种株高约40～70cm。叶宽卵圆形或长圆状卵形，先端渐尖，两面粗糙。头状花序单生枝端；花大，直径5～6cm，舌状花白、黄、红、粉、玫红、紫等色或兼色；管状花黄色或橙色。有重瓣、卷瓣等品种。

其他用途：料理、健康美容、花草茶

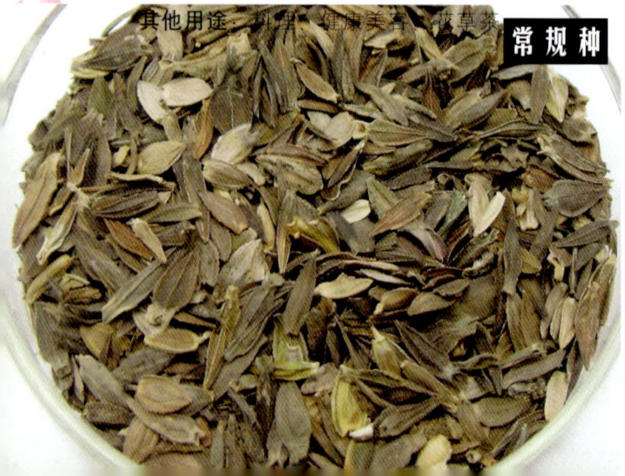

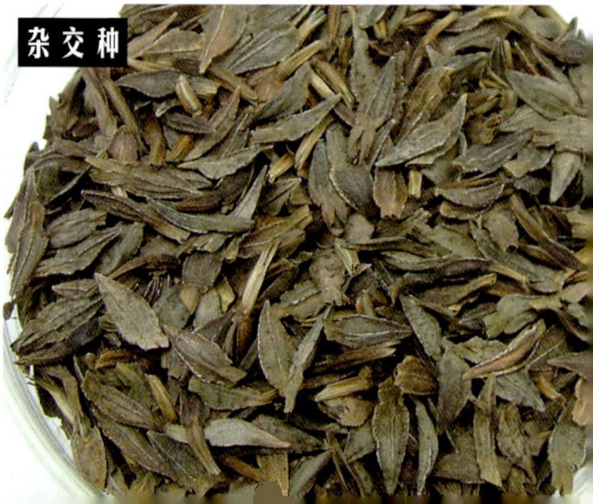

小花百日草

小花百日草

桂圆菊

拉丁名：*Spilanthes oleracea*

别名：金钮扣　**科属**：菊科金钮扣属

原产地：原产于巴西及非洲热带地区。

多年生草本，常作一二年生栽培。花形奇特，花色高雅，花期长，生命力强，适宜作花坛、花境及地被植物；也可用于盆栽或作切花。花期7～10月。喜光，耐半阴，喜温暖、湿润环境，不耐寒，忌干旱。宜疏松、肥沃的微酸性土壤。播种或扦插繁殖。种子发芽温度18～22℃；发芽天数8～12天；生长适宜温度15～35℃；播种到开花约80天。

形态特征：株高约30～50cm。茎直立，多分枝。叶对生；广卵形，先端渐尖，边缘有锯齿，叶色暗绿。头状花序生枝顶，开花前期呈圆球形，后期伸长呈短圆筒形；管状花黄色或黄褐色，两性；无舌状花。

多年生草花

多年生花卉由于地下长有能储存营养的根，播种后，它们通常几年都可以自然萌芽生长，不需要年年播种。

多年生花卉中，营养储存于根部的，称宿根花卉；储存于地下球茎的，称球根花卉。称球根花卉类将在后面专门介绍。

多年生花卉通常花期很长，有的三季都可以开花，在花境中起着重要的作用，也常作林下地被植物种植。

多年生花卉的繁殖除播种外，还有分株、扦插等多种方式。

红蓼

拉丁名：*Polygonum orientale*

别名：狗尾巴花　　科属：蓼科蓼属

原产地：原产于我国各地。亚洲东部各国及大洋洲均有分布。

多年生草本。花红叶绿，生长旺盛，园林中可应用于花坛、花境，及营造田园景观；耐水湿，可用于沟边、溪旁。花期7～8月。喜光，耐旱，耐热。对土壤要求不严。播种繁殖。种子发芽温度20～25℃；发芽天数7～10天；生长适宜温度15～30℃；播种到开花约70天。自播能力强。

形态特征：株高约80～150cm。茎直立，粗壮，多分枝，有节，中空。叶互生；托叶鞘筒状；叶宽卵形或卵状披针形，先端尖。总状花序穗状，顶生或腋生，弯垂或直立；小花粉红色或白色；花被5深裂。

美丽日中花

拉丁名：*Mesembryanthemum spectabile*
别名：太阳花、龙须海棠、彩虹花、松叶菊
科属：番杏科日中花属

原产地：原产于非洲南部。

多年生草本。终年常绿，植株矮小，花瓣具光泽，花多美丽，一朵花能开1个星期，白天开放，晚上闭合，可用于花坛、花境；也可盆栽或作吊篮。家庭中极易种养。花期4～6月。喜光，较耐阴，耐寒，怕热，怕水涝，耐干旱，空气湿度大的环境，花开繁茂，光泽好。播种或扦插繁殖。种子发芽温度18～22℃；发芽天数8～12天；生长适宜温度15～30℃；播种到开花约70天。种子细小，要1：100的细砂土拌种，表面不用覆土。

形态特征：株高约10～20cm。植株肉质多浆。茎丛生，斜升，多分枝。叶对生；线形，略具3棱。花单生枝顶；部分雄蕊退化成花瓣状，花瓣多数，线形；为红、粉、紫、白及复色。

满天星

拉丁名：*Gypsophila paniculata*

别名：锥花丝石竹、圆锥石头花　**科属**：石竹科石头花属

原产地：原产于欧洲地中海沿岸至亚洲西部地区。我国新疆有分布。

多年生草本。花色多为白色，花形小巧，管理粗放，适合于花坛、花境配植；多用作切花的配花。花期6～8月。喜光，较耐阴，喜温暖、湿润，耐寒。栽培以微碱性的石灰质壤土为佳，排水需良好。播种或扦插繁殖。种子发芽温度20～25℃；发芽天数6～8天；生长适宜温度20～30℃；播种到开花约90天。

形态特征：株高约30～50cm。茎直立，有分枝。叶片披针形或线状披针形。圆锥状聚伞花序多分枝；花小而繁密，径约6mm；花瓣5；花白色或淡红色，有重瓣品种。

重瓣品种

同属常见栽培种：

①缕丝花（*Gypsophila elegans*），又名丝石竹，为一年生植物；花较大，直径约12mm；花期5～6月。

②垂吊满天星（*Gypsophila repens*），又名匍匐霞草、蔓枝满天星；植株矮小，茎枝纤细，株高仅为10～15cm；叶对生，线形；聚伞花序顶生或腋生，小花粉红色，单瓣或重瓣。

头状剪秋萝

拉丁名：*Lychnis chalcedonica*

别名：皱叶剪秋萝　**科属**：石竹科剪秋萝属

原产地：原产于中亚和欧洲东部。我国新疆有分布。

多年生草本。花鲜红色，夏季开花，为夏季配置花坛、花境难得的材料；也可盆栽或作切花。花期6～8月。喜光，喜通风、凉爽的环境，耐寒。适宜肥沃、排水良好的土壤。播种或扦插繁殖。种子发芽温度18～23℃；发芽天数10～15天；生长适宜温度15～30℃；播种到开花约90天。种子细小，需1：100与细砂土拌种，表面覆土约2mm即可。

形态特征：株高约30～60cm。茎直立，不分枝或少分枝。全株被粗毛。叶对生；卵形或卵状披针形，边全缘，略有波皱。聚伞状花序紧缩呈头状，具10～50朵花；花冠高脚碟形，花瓣5，具长爪，瓣片倒卵形，先端具V形裂；副花冠线形或钻形；花色为红或橙红。

康乃馨

拉丁名：*Dianthus caryophyllus*

别名：麝香石竹、香石竹　　**科属**：石竹科石竹属

原产地：原产于地中海沿岸。

多年生草本。变种与杂交种众多，是世界四大切花之一；也可用于花坛、花境或盆栽。自然花期4～9月，在温室里几乎可以全年开花不断。喜光，喜阴凉、干燥、通风良好的环境，耐寒，耐热性较差，最适生长温度15～22℃，温度高于或低于此范围时，植株生长缓慢。喜肥，宜栽植于富含腐殖质、排水良好的石灰质土壤中。播种或扦插繁殖。种植时表面覆土不超过1cm即可。种子发芽温度15～20℃；发芽天数7～10天；生长适宜温度15～30℃；播种到开花约90天。

形态特征：株高约40～60㎝。茎丛生，较粗壮，质硬，灰绿色，被白粉，节膨大。叶对生；条状披针形。花大，有芳香，单生；花瓣不规则，边缘有齿，单瓣或重瓣；有红、粉、紫红、黄、白等色。

其他用途：香料、药用；在欧美，粉红色康乃馨常被作为母亲节献给母亲的花。

石竹

拉丁名：*Dianthus chinensis*

别名：中国石竹、洛阳花　　科属：石竹科石竹属

原产地：原产于我国北方。俄罗斯及朝鲜半岛均有分布。

多年生草本，有时作一二年生栽培。花朵繁密，色鲜艳，适宜布置花境及作园林或住宅小区的地被植物；可盆栽观赏；亦可作切花。花期5～9月。喜光，亦耐阴，喜凉爽，怕炎热，耐干旱。要求排水良好、疏松、肥沃的土壤。播种或扦插繁殖。种子发芽温度18～22℃；发芽天数8～12天；生长适宜温度10～30℃；播种到开花约90天。4月春播，7月可开花。在北京9月底在冷棚播种，露地可以越冬，来年“五一”前即可开花。

形态特征：株高约20～40cm。茎直立，节膨大。叶对生，形似竹。花单生或数朵簇生于茎顶形成聚伞花序；萼筒圆形；花冠高脚碟形，径2～3cm，花瓣5，先端锯齿状裂；花色多为粉红色。

石竹属广布于北半球山区草地，约有600余种。我国野生有近20种。现代园艺栽培者多为各国原产石竹的杂交后代，商品名称五彩石竹，有紫红、大红、粉红、纯白、杂色等。另有矮生的三寸石竹、五寸石竹系列；还有重瓣系列。

三寸石竹

三寸石竹

三寸石竹

三寸石竹

三寸石竹

同属常见栽培品种：

在欧洲和北美，石竹的杂交园艺品种众多。应用较多的是花境康乃馨和须苞石竹的杂交品种。植株粗壮；叶椭圆状披针形；花大，重瓣，有彩环。在我国统称须苞石竹或美国石竹。但其实际并非须苞石竹（*Dianthus barbatus*）原种。黑玫瑰石竹是杂交须苞石竹中的一个品种。

黑玫瑰石竹

黑玫瑰石竹

同属常见栽培品种：

头状石竹是杂交须苞石竹中的一个类群。目前国内也称美国石竹。它们的植株粗壮；叶椭圆状披针形；花序头状，花中等大小，单瓣，有彩环。我国各地栽培尚不普遍。

常夏石竹

拉丁名：*Dianthus plumarius*

别名：羽裂石竹　　**科属**：石竹科石竹属

原产地：原产于欧洲至亚洲的高寒地区。

多年生草本。耐寒性好，植株丛生，匍匐状，株高自然控制在8～10cm，茎叶较其它石竹细，整体外观如早熟禾类草坪，是理想的地被植物。适合在我国华北、东北、西北等较寒冷地区栽植。可栽种在公园、庭院、私家花园等地。花期5～6月。喜光，喜通风、凉爽环境，不耐高温，能耐－20℃的低温，耐旱能力强，忌水涝。在中性偏酸或偏碱，排水良好的沙壤土上生长良好。适应性极强，管理粗放。种子发芽温度18～22℃；发芽天数8～12天；生长适宜温度10～28℃；播种到开花约90天。

形态特征：株高约10cm。叶对生，线状披针形，先端渐尖，基部抱茎。叶长5cm，宽0.1～0.2cm。花单生或数朵簇生，花红、粉、白等色，有香气。

同属常见栽培品种及种：

①蓝粉石竹（*Dianthus chinensis* 'Blue Genius'），叶比尖叶石竹要细，叶色四季保持一致的淡蓝色，株型整齐、紧凑。花顶生枝端，重瓣，粉红色。花期3月下旬至4月下旬。其它同尖叶石竹。

②瞿麦（*Dianthus superbus*）：花具芳香，花瓣先端深细裂成丝状，喉部有须毛。花期6～9月。全草可入药。

大花耧斗菜

拉丁名：*Aquilegia vulgaris*

别名：欧耧斗菜、普通耧斗菜　　**科属**：毛茛科耧斗菜属

原产地：原产于欧洲及俄罗斯西伯利亚。

多年生草本。花形奇特、优美，在半阴处生长最好，适宜作林下地被，或作花坛、花境材料；也可盆栽及用于切花。花期5～9月。喜半阴，不耐高温及曝晒，性强健，耐寒。喜富含腐殖质、湿润而排水良好的沙质壤土。播种或分株繁殖。种子发芽温度18～25℃；发芽天数10～15天；生长适宜温度15～28℃；播种到开花约100天。播种苗一般第二年开花。

形态特征：株高约30～60cm。茎直立，多分枝。基生叶具长柄，为2回3出复叶；小叶2～3裂，裂片边缘具圆齿；茎最上部叶近无柄，狭三裂。聚伞花序，具花多朵；花大，直径在3～5cm，花朵下垂，花瓣5，距长约2cm，向内弯曲呈钩状；花为蓝、紫、粉红或白色。

耧斗菜属种类很多，都原产于北温带，种间杂交容易，有十几个种目前在世界上广泛栽培。我国各地引种的杂交品种，来源是多样的，有的并非本种，但习性大体相似。

花毛茛

拉丁名：*Ranunculus asiaticus*

别名：波斯毛茛、芹菜花　　**科属**：毛茛科毛茛属

原产地：原产于地中海沿岸。

多年生草本。花较大，重瓣，丰圆，花色艳丽有光泽，适宜作花坛、花境，也可盆栽或作切花。花期2～5月。喜半阴，喜凉爽、通风环境，不耐严寒，遇高温、高湿生长不良，在我国大部分地区夏季进入休眠。宜在肥沃、疏松的沙质土壤中生长。播种或分株繁殖。种子发芽温度15～18℃；发芽天数20～25天；生长适宜温度15～30℃；播种到开花约120天。

形态特征：株高约20～40cm。块根纺锤形。茎单生或少数分枝。基生叶具长柄，椭圆形，多为三出叶，有粗钝锯齿；茎生叶近无柄，羽状细裂，裂片5～6枚，叶缘也有钝锯齿。花莛自叶腋间抽出，单花顶生；径6～9cm，重瓣；花色有黄、水红、大红、橙、白、紫和褐色等多种。

虞美人

拉丁名：*Papaver rhoeas*

别名：观赏罂粟、丽春花　　**科属**：罂粟科罂粟属

原产地：原产于欧洲。

一二年生草本。花大，窈窕、艳丽，是早春布置庭院的好品种。适宜花坛、盆花（要种在直径15cm以上的花盆里）、花带及花境。花期4～7月。喜光，耐寒，适应性强。对土壤要求不严，但应排水良好。播种繁殖。种子发芽温度18～25℃；发芽天数6～10天；生长适宜温度15～28℃；播种到开花约80天。种子非常细小，播种时1：100与细砂土搅拌，种子表面不用覆土。自播能力强。直根系不耐移栽。

形态特征：株高约30～70cm。全株被有柔毛。叶片互生；羽状深裂或全裂，裂片披针形，边缘有不规则的锯齿。花单生，有长梗；未开放时下垂，花径约5～6cm；花冠4瓣，近圆形；常为鲜艳的红色、橙色、黄色、白色，有时基部有黑色斑点。

二月蓝

拉丁名：*Orychophragmus violaceus*
别名：诸葛菜　科属：十字花科诸葛菜属

原产地：原产于我国东北、华北及华东地区。

多年生草本。晚春开花，花色素雅，蓬勃有生气，生性强健，与杂草竞争能力极强。可用于花坛及花境；也可成片种植，用于林下或高速公路边坡绿化。花期 3～5 月。喜光，亦耐阴，喜凉爽气候，较耐寒。对土壤要求不严。播种繁殖。种子发芽温度 15～22℃；发芽天数 5～8 天；生长适宜温度 15～30℃；播种到开花约 90 天。一般秋播，来年春天开花。自播能力强。

形态特征：株高约 30～50cm。基生叶和下部茎生叶大头羽状全裂，叶缘有钝齿；上部茎生叶长圆形或窄卵形，叶基耳状抱茎，叶缘有不整齐的锯齿。总状花序顶生；花瓣 4 枚，长卵形，具长爪；花多为蓝紫色或淡红色，随着花期的延续，最终变为白色。

桂竹香

拉丁名：*Cheiranthus cheiri*
别名：黄紫罗兰　　科属：十字花科桂竹香属

原产地：原产于欧洲南部。

多年生草本，常作一二年生栽培。可布置花坛、花境；也可作盆花。花期 4～5 月。喜光，喜冷凉、干燥的气候，耐寒，忌热，畏涝，雨水过多生长不良。喜疏松、肥沃、排水良好的土壤。播种繁殖。种子发芽温度 18～25℃；发芽天数 10～15 天；生长适宜温度 15～30℃；播种到开花约 90 天。在长江流域可露地越冬；北方需入室。

形态特征：株高约 30～50cm。茎直立，多分枝，基部半木质化。叶互生；披针形，全缘。总状花序顶生；小花花瓣 4 枚，倒卵形，具长爪；花色有橙黄、黄、淡黄、紫红、橘红等；有香气。

南庭芥

拉丁名：*Aubrieta hybrida*

别名：蓝庭芥、匙叶紫芥菜　　**科属**：十字花科南庭芥属

原产地：原产于欧洲、亚洲、非洲北部。

多年生草本，常做一二年生栽培。开花早，花量大，适合于早春花坛、花境及地被；也可盆栽。花期4～6月。喜光，耐干旱，可耐－15℃低温。在欧美等国家紫芥菜的栽培品种很多，我国引入栽培的均为杂交品种。播种繁殖。春播者3个月开花。种子发芽温度18～22℃；发芽天数8～12天；生长适宜温度15～30℃；播种到开花约80天。

形态特征：株高约20cm。丛生，有星状毛或叉状毛。叶小，匙形，全缘或有角状锯齿。总状花序顶生；小花径1～2cm，花瓣4；花色紫色、紫堇色或白色。

景天三七

拉丁名：*Sedum aizoon*

别名：费菜、土三七、旱三七　　**科属**：景天科景天属

原产地：原产于我国各地。亚洲北部各国及越南也有分布。

多年生草本。适应性强，耐热，耐寒，耐修剪，生长快，管理粗放，是布置花坛、花境和点缀草坪、岩石园的好材料。花期5～7月。喜光，耐半阴，喜干燥、通风良好的环境，能耐－20℃的低温，耐贫瘠和干旱，忌雨涝、积水。喜排水良好的沙质土壤。播种或扦插繁殖。种子发芽温度18～25℃；发芽天数10～20天；生长适宜温度15～30℃；播种到开花约90天。

形态特征：株高约20～50cm。地下茎肥厚，地上茎簇生，粗壮而直立，呈灰绿色。叶互生或近对生；肉质，广卵形至倒披针形，边缘具波状齿；在自然界有宽叶和窄叶的变型。聚伞花序有多花，水平分枝，密集如平头状；小花花瓣5，长圆状披针形，先端尖；黄色。

八宝景天

拉丁名：*Hylotelephium spectabile*

别名：长药八宝　　**科属**：景天科八宝属

原产地：原产于我国东北地区以及河北、河南、安徽、山东等地。

多年生草本。夏季开花，植株整齐，生长健壮，花开时似一片粉烟，群体效果极佳，是布置花坛、花境和点缀草坪、岩石园的好材料。花期7～10月。喜强光和干燥、通风良好的环境，能耐－20℃的低温。耐贫瘠和干旱，忌雨涝积水。喜排水良好的沙质土壤。植株强健，管理粗放。播种繁殖。种子发芽温度18～25℃；发芽天数10～20天；生长适宜温度15～30℃；播种到开花约100天。

形态特征：株高30～50cm。茎簇生，粗壮而直立，全株略被白粉，呈灰绿色。叶轮生或对生；倒卵形，肉质，缘具波状齿。伞房花序密集如平头状，花序径10～13cm；花淡粉红色，常见栽培的尚有白、紫红、玫红色品种。

落新妇

拉丁名： *Astilbe chinensis*

科属： 虎耳草科落新妇属

原产地： 原产于亚洲东部、北部。我国长江流域及以北地区均有分布。

多年生草本。可作花坛和花境。花期6～9月。喜半阴，在湿润的环境下生长良好，性强健，耐寒。对土壤的适应性较强，喜微酸、中性，排水良好的沙质壤土，也耐轻碱土壤。播种繁殖。种子发芽温度18～25℃；发芽天数7～15天；生长适宜温度18～35℃；播种到开花约90天。

形态特征： 高45～65cm。基生叶为2～3回三出复叶，具长柄，小叶片卵形至长椭圆状卵形或倒卵形，边缘有尖锐的重锯齿；茎生叶较小，与基生叶相似，叶柄较短。圆锥状花序长20～40cm，下部第一回分支长4～11cm，向上的分支渐短；小花密集；萼筒浅杯状，5深裂；花瓣5，窄线状；淡紫色或紫红色。

绣球小冠花

拉丁名：*Coronilla varia*

别名：多变小冠花　**科属**：豆科小冠花属

原产地：原产于欧洲地中海地区。

多年生草本。生长健壮，适应性强，管理简单，是抗性和固土能力极强的地被植物，适合于坡地绿化，防止水土流失；也可在园林中成片栽植，是较好的有花地被植物。花期6～7月。喜光，亦耐半阴，耐寒，耐旱，耐瘠薄。喜疏松、透气、排水良好的沙质土壤，雨季要注意排水。播种繁殖。种子发芽温度20～25℃；发芽天数7～15天；生长适宜温度15～28℃；播种到开花约100天。

形态特征：株高约50～100cm。茎直立，多分枝，中空，有棱，质地柔软，匍匐斜生，节上叶芽易萌发形成很多侧枝，植株蔓延可达180cm。奇数羽状复叶，互生；侧生小叶5～10对。伞形花序腋生；蝶形花冠，花多朵密集排列成绣球状；花冠粉红、紫、白、淡红等色。

鲁冰花

拉丁名：*Lupinus polyphyllus*
别名：多叶羽扇豆　**科属**：豆科羽扇豆属

原产地：原产于美国西部。

多年生草本。花序大型，花形奇特，花色艳丽，可作切花、花境及花坛用花；矮生品种也可盆栽观赏。花期5～7月。喜光，略耐阴，不耐寒，喜冬季温暖、夏季凉爽气候，忌炎热、多雨，温度低于－4℃时冻死，夏季酷热也抑制生长。喜深厚、肥沃、疏松、排水良好的弱酸性沙质（pH值5.5）土壤，中性及微碱性土壤植株生长不良。播种及扦插繁殖。种子发芽温度20～28℃；发芽天数10～15天；生长适宜温度15～30℃；播种到开花约90天。直根系，不耐移栽，移苗时保留原土，以利于缓苗。

形态特征：第一年株高约30～40cm；最终可长到150cm。掌状复叶，多为基生；小叶通常9～15枚，椭圆状倒披针形，背面具毛。总状花序顶生，花序长可达60cm，小花多而稠密，互生；小花萼片2唇形，上唇不分裂；旗瓣反折，龙骨瓣喙尖；花色丰富，有粉、紫红、黄、蓝、紫、白等，多为复色。

同属常见栽培种：羽扇豆（*Lupinus micranthus*），原产于欧洲南部地中海地区；为一年生草本；小叶5～8枚；花序长约5～12cm，花冠白、蓝色；萼片上唇2裂。

红花酢浆草

拉丁名：*Oxalis corymbosa*

别名：红花三叶草、铜锤草　　科属：酢浆草科酢浆草属

原产地：原产于巴西及南非好望角。

多年生草本。植株低矮、整齐，成本低廉，花多叶繁，花期长，花色艳，覆盖地面迅速，又能抑制杂草生长，很适合在花坛、花径、疏林地及林缘大片种植；也可盆栽用来布置室内阳台。花期5～10月。喜光，喜温暖、湿润的环境，夏季炎热地区宜遮半阴，抗旱能力较强，不耐寒。对土壤适应性较强，在富含腐殖质的沙质壤土上生长旺盛。播种繁殖。种子发芽温度18～25℃；发芽天数10～15天；生长适宜温度18～35℃；播种到开花约80天。

形态特征：株高约15～25cm。基生掌状复叶具小叶3枚，有细长柄；小叶呈宽倒心脏形，全缘，顶端凹陷。复伞形花序；花冠5瓣；玫瑰红色，带纵裂条纹。

其他：其花、叶对光有敏感性，白天和晴天开放，晚上及阴雨天闭合。

蓝花亚麻

拉丁名：*Linum perenne*

别名：宿根亚麻、蓝亚麻　　**科属**：亚麻科亚麻属

原产地：原产于亚洲西部、北部及欧洲。我国华北、西北和西南地区有分布。

多年生草本，常做一二年生栽培。花蓝色，花期长，管理粗放，适宜于花坛、花境、岩石园及地被种植；也可盆栽。花期4～6月。喜光，较耐干旱，性强健，耐寒，在北京地区可露地越冬。喜肥沃、排水良好的土壤，偏碱土壤生长不良。播种繁殖。种子发芽温度18～25℃；发芽天数7～15天；生长适宜温度15～28℃；播种到开花约70天。须根长，不耐移栽。

形态特征：株高约30～60cm。茎丛生，直立，多分枝。叶互生；狭条形或披针形，蓝绿色。聚伞花序顶生或生于上部叶腋；花梗纤细；花瓣5，倒卵形；蓝、淡蓝、红色。

天竺葵

拉丁名：*Pelargonium hortorum*

别名：绣球、洋绣球　**科属**：牻牛儿苗科天竺葵属

原产地：原产于南非。

多年生草本。花多，花色斑斓、绚丽，叶片斑纹美观，适宜盆栽，或作花坛、花境。花期5～10月。喜光，耐热，耐旱，耐瘠薄，忌积水。对土壤适应性强，各种土质均能生长，但以富含腐殖质的沙壤土最佳。播种及扦插繁殖。种子发芽温度20～25℃；发芽天数8～12天；生长适宜温度15～35℃；播种到开花约100天。播种时种子表面覆土约1cm即可。

形态特征：株高约20～25cm。直立多分枝，密被短柔毛。叶圆形或肾形，基部心形，边缘具波状齿，叶缘以内有暗红色马蹄形环纹。伞形花序腋生，具多花；单花直径2.5～3cm；花瓣5，下面3枚通常较大，花瓣覆瓦状排列，宽倒卵形，基部具短爪；花色有粉、紫、红、白及兼色等。

非洲凤仙

拉丁名：*Impatiens walleriana*

别名：玻璃翠、苏丹凤仙　　**科属**：凤仙花科凤仙花属

原产地：为杂交种，亲本产于非洲东部。

多年生草本，常作一二年生栽培。花色丰富、艳丽，花期长，开花整齐，株形紧凑，耐高温，适合于夏季花坛、花境及色块布置；也适合盆栽观赏。花期6～10月。喜光，喜温暖、湿润，但不耐高温和烈日暴晒，适合种植于树荫下。土壤宜用疏松、肥沃、湿润、排水良好的微酸性腐叶土。播种或扦插繁殖。种子发芽温度18～22℃；发芽天数8～12天；生长适宜温度18～35℃；播种到开花约90天。穴盘苗（幼苗）的整齐度和苗期表现优秀。

形态特征：株高约20～30cm。茎多分枝，在株顶呈平面开展，多汁，节间膨大。叶卵形，边缘具钝锯齿。花1～3朵生于枝顶叶腋；花瓣5，平展，旗瓣较其他瓣略宽，先端微凹；花色有红、粉红、玫红、紫红、白及复色等。

蜀葵

拉丁名：*Althaea rosea*

别名：熟季花、一丈红、端午锦　　**科属**：锦葵科蜀葵属

原产地：原产于我国西南部。

多年生草本。植株可高达3m，故有一丈红之称。它的花朵大、花期长，一年栽植可连年开花，花色丰富，有重瓣和单瓣品种，颜色有紫、红、白、黄等色，宜布置院落、路侧、场地，也可组成绿篱、花墙美化环境。矮生品种株高约50～80cm，适宜盆栽。花期5～7月。喜光，耐半阴，忌涝，管理粗放。在疏松、肥沃、排水良好的沙质土壤中生长良好。播种、分株或扦插繁殖。种子发芽温度18～25℃；发芽天数8～12天；生长适宜温度10～30℃；播种到开花约90天。南方常采用秋播；而北方以春播为主。

形态特征：株高约1.5～2.5m。单叶互生。叶大，心脏形，浅裂至深裂。花茎直立，长而粗壮，花腋生，单朵或数朵簇生排列成总状式花序；花大，直径可达10cm以上；花冠漏斗形，花萼、花瓣5，花瓣倒卵状三角形，先端凹缺，爪被长髯毛；有重瓣品种。

大花秋葵

拉丁名：*Hibiscus grandiflorus*

别名：美芙蓉、草芙蓉、大花芙蓉葵　　**科属**：锦葵科木槿属

原产地：原产于北美洲。

多年生草本至亚灌木。植株强健，花大，色美，适应能力强，多用于公路两侧美化，也适宜花坛、花境及盆栽。花期6～10月。喜光，耐高温，较耐寒，能耐－20℃低温。辽宁营口以南的沿海地区可露地越冬；北京地区夏季城市高温下开花良好。对土壤要求不严，但以疏松、肥沃的沙壤土最好。在碱性过强的土壤里，易患缺铁症。播种或分株繁殖。种子发芽温度18～25℃；发芽天数8～12天；生长适宜温度15～35℃；播种到开花约90天。自播能力强。

形态特征：株高约50～80cm。单叶互生；卵状椭圆形，边缘浅裂或不裂，具粗锯齿，先端尾尖。花单生于上部叶腋间；花冠漏斗形，花瓣5，直径可达25～30cm；颜色为粉红、紫红及白色。本种为杂交种，亲本芙蓉葵（*Hibiscus moscheutos*），又名黄秋葵；原产于美国东部；花较小，直径约20cm。

紫花地丁

拉丁名：*Viola philippica*
别名：铧头草、光瓣堇菜　　**科属**：堇菜科堇菜属

原产地：我国于原产东北、华北地区。亚洲北部各国均有分布。

多年生草本。花期早，性强健，和杂草竞争能力强，花后叶片青绿如初，秋季会再次萌发，适宜作早春野花效果的地毯式地被植物或点缀于山坡草坪。花期4～6月。喜半阴，耐寒，耐旱，耐贫瘠。对土壤要求不严，喜湿润的土壤，但在较干燥的地方也能生长。播种或分株繁殖。种子发芽温度18～22℃；发芽天数8～12天；生长适宜温度15～28℃；播种到开花约70天。在华北地区能自播繁衍。

形态特征：株高约10cm。地下茎很短，主根较粗。叶基生，长圆形或卵状披针形，基部截形，边缘具圆齿。花蓝紫色；花瓣5，异形，下部1瓣较大，基部延伸成距，距细管状。蒴果长圆形或裂为三果爿。相似种早开堇菜（*Viola prionantha*）叶卵圆形；蒴果椭圆形，3瓣裂；自然花期较本种早1～2周。

早开堇菜

千屈菜

拉丁名：*Lythrum salicaria*

别名：河柳、水柳　　**科属**：千屈菜科千屈菜属

原产地：原产于我国。亚洲、欧洲、北美洲及非洲、大洋洲的部分地区有分布。

多年生草本。自然种常生于溪边湿地，园林中宜作为水生植物种植于水边；也可盆栽或用于花境等。花期7～10月。喜光，喜温暖、通风良好的环境，较耐寒，喜水湿，耐盐碱。在深厚、疏松、富含腐殖质的土壤中生长良好。播种、分株及扦插繁殖。种子发芽温度18～22℃；发芽天数10～15天；生长适宜温度10～30℃；播种到开花约90天。

形态特征：株高约40～100cm。宿根木质状。茎四棱形，直立多分枝。叶对生或轮生；披针形。多数小聚伞花序密集排列于花枝上，呈大型穗状花序状；小花多而密，花瓣6，紫红色。

其他用途：全株入药。

月见草

拉丁名：*Oenothera biennis*

别名：夜来香　　**科属**：柳叶菜科月见草属

原产地：原产于美洲热带地区。

多年生草本。夏季开花，花大，美丽，夜晚放香，香气宜人，适于与其他植物配合造景丛植于园林、庭院、花坛及路旁。花期6～9月。喜光，耐寒，耐旱，耐瘠薄，忌积水。播种繁殖。种子发芽温度18～25℃；发芽天数8～12天；生长适宜温度15～35℃；播种到开花约80天。植株强壮，能自播。

形态特征：株高约40～80cm。具粗壮、肉质多汁根。植株疏被毛。基生叶倒披针形，丛生莲座状；花期抽出直立茎，单一或上部稍分枝，茎粗壮，圆柱形，具多数茎生叶，叶片椭圆形至倒披针形，边缘具稀疏浅齿。花单生于茎上部叶腋；径4～5cm；萼先端4裂，花期反卷；花瓣4，覆瓦状排列，宽倒卵形，顶端微凹；有黄色花（金色日光）及粉色花（美丽月见草）品种。

其他用途：种子可以提取香精油。

海石竹

拉丁名：*Armeria maritime*
科属：蓝雪科海石竹属

原产地：原产于欧洲、北美洲。

多年生草本。植株小巧可爱，花色鲜艳，适用于花坛、花境、岩石园，或作地被；也很适合盆栽观赏。花期6～10月。喜光，耐寒，怕水涝，忌高温、高湿。喜排水良好的沙质土壤。播种或分株繁殖。种子发芽温度18～25℃；发芽天数7～12天；生长适宜温度15～30℃；播种到开花约90天。

形态特征：株高约20～30cm。叶丛生，线状长剑形，深绿色。顶生头状花序圆球状，具小花数十朵；小花花径约3cm；粉红色至玫瑰红色。

长春花

拉丁名：*Catharanthus roseus*

别名：日日春、日日新、四时春、时钟花　　**科属**：夹竹桃科长春花属

原产地：原产于非洲东部。

多年生草本至亚灌木。耐热性强，花开繁茂，花期长，从春到秋开花从不间断，适宜作花坛、花境及地被；也可盆栽观赏。花期5～10月。喜光，喜温暖、湿润的气候环境。越冬温度不能低于10℃。宜肥沃、排水良好的土壤，耐瘠薄，但忌湿怕涝，忌偏碱性、板结、通气性差的黏质土壤。播种或扦插繁殖。播种繁殖，种子发芽温度15～20℃；发芽天数8～15天；生长适宜温度15～35℃；播种到开花约90天。苗高7～8cm时定植，9～10cm摘心，可摘心3次。

形态特征：株高约30～60cm。茎直立，多分枝。叶对生；长椭圆形，全缘，主脉白色明显。聚伞花序顶生或腋生；花冠高脚碟状，先端5裂，裂片宽倒卵形，左旋排列；花有红、白、黄、粉、紫等色，花朵中心喉部色深；雄蕊和雌蕊均不及伸出喉部。

马利筋

拉丁名：*Asclepias curassavica*

别名：金凤花　**科属**：萝摩科马利筋属

原产地：原产热带美洲。

多年生草本至亚灌木。花色美丽，花形奇特，可用于园林绿化；但马利筋全株有毒，使用时应加以注意，以免产生不良后果。花期6～8月。原产于热带地区，喜光，喜高温，夏季宜半阴，喜湿润、通风环境，冬季环境温度在10℃以下停止生长，在霜冻出现时不能安全越冬。不择土壤。播种或扦插繁殖。种子发芽温度18～25℃；发芽天数8～15天；生长适宜温度20～35℃；播种到开花约90天。

形态特征：株高50～100cm。茎直立性，基部半木质化，全株具乳汁。单叶对生；披针形或矩圆形披针形。伞形花序顶生或腋生；萼片绿色；花冠轮状五深裂，裂片橘红色或紫红色，反卷；副花冠鲜黄色，兜状；具芳香。

其他用途：全株有毒，乳汁毒性最强；根、叶可入药，有消炎、止痛、止血功效；是很好的蜜源植物。

气球果

拉丁名：*Gomphocarpus fruticosus*

别名：唐棉、气球花、钉头果　　科属：萝藦科钉头果属

原产地：原产于非洲热带地区。

多年生草本至亚灌木。果实形状奇特，极像小气球，观果期长，适宜作花坛、花境背景；盆栽可用来布置厅堂和客室，是高档切花材料。花期6～10月。喜光，稍耐阴，喜高温、多湿环境，稍耐干旱，不耐寒，越冬温度不要低于10℃。喜肥沃、疏松、排水良好的土壤。播种繁殖。种子发芽温度18～25℃；发芽天数10～15天；生长适宜温度15～35℃；播种到开花约90天。自播能力强。

形态特征：株高约70～150cm。茎直立。叶对生；叶片线形或长披针形，似柳叶。聚伞花序顶生或腋生；小花有香气，花瓣5，反折，白色或淡黄色；副花冠红褐色，兜状。蓇葖果卵圆形，黄绿色，由2个离生心皮组成，皮很薄，中间充满气体，膨胀呈球形，端部渐尖成喙，外果皮具细长的软刺。

勿忘草

拉丁名：*Myosotis silvatica*

别名：星辰花　　科属：紫草科勿忘草属

原产地：原产于我国华北、东北、西北、西南等地。欧洲及亚洲的伊朗、俄罗斯、巴基斯坦、印度也有分布。

多年生草本。花色美，花期长，植株小巧秀丽，可用于布置春季或初夏时节的花坛、花境；也可盆栽观赏。花期5～7月。喜光，耐半阴，喜凉爽、湿润、通风的气候，忌闷热。适合在疏松、肥沃、排水良好的微碱性土壤中生长。播种繁殖。种子发芽温度18～20℃；发芽天数7～15天；生长适宜温度15～25℃；播种到开花约100天。能自播。

形态特征：株高约20～60cm。茎直立，具分枝。叶互生；披针形、长圆形至倒披针形。镰状聚伞花序顶生，花后呈总状；花萼5深裂；花冠高脚碟状，裂片5，倒卵形，蓝色；喉部黄色，有5个附属物。

柳叶马鞭草

拉丁名：*Verbena bonariensis*

别名：波纳马鞭草、南美马鞭草　　**科属**：马鞭草科马鞭草属

原产地：原产于南美洲。

多年生草本。最低气温－10℃时大部分植株死亡，故北方地区作一二年生栽培。植株高大，生命力强，片植效果极其壮观，适合大面积栽培做别墅区的背景；亦可作花境及切花。花期5～10月。喜光，不耐阴，喜温暖，耐高温、多湿，耐旱。对土壤要求不严。播种或分株繁殖。种子发芽温度20～25℃；发芽天数10～15天；生长适宜温度15～28℃；播种到开花约90天。

形态特征：株高约60～100cm。茎直立，有分枝，四棱。叶对生；幼苗叶椭圆形，边缘有锯齿；成株叶细长如柳叶状，边缘有锯齿。花莛细长而坚硬，聚伞花序生于顶部；花紫红色。

细叶美女樱

拉丁名：*Verbena tenera*

别名：裂叶美女樱　　**科属**：马鞭草科马鞭草属

原产地：原产于巴西、秘鲁等地。

多年生草本。北方地区作一二年生栽培。株丛矮密，花繁色艳，花期长，可用于花坛、花境；也可作园林地被大面积栽植。花期5～10月。春、秋花量大，夏季炎热时开花减少。喜光，不耐阴，喜温暖，耐高温，较耐旱。在疏松、肥沃、排水良好的中性沙壤土上生长最好。播种或分株繁殖。种子发芽温度20～25℃；发芽天数10～15天；生长适宜温度15～35℃；播种到开花约80天。

形态特征：株高约30～40cm。茎四棱，匍匐生长，全株被白色柔毛。叶2～3回羽状分裂。伞房花序顶生；花小，有白、粉红、深红、紫、蓝等色。

蓝花马鞭草

拉丁名：*Verbena hastata*
科属：马鞭草科马鞭草属

原产地：原产于北美洲。

多年生草本，北方常作一二年生栽培。穗状花序多，花期长，小花自下而上次第开放，在炎热的夏季能开花不断，适宜作花坛、花境及地被植物；也可盆栽。花期7～10月。喜光，不耐阴，耐热，较耐寒，不耐旱，在长江流域及以南地区能露地越冬。喜肥沃、排水良好的土壤。播种或扦插繁殖。种子发芽温度18～25℃；发芽天数10～15天；生长适宜温度15～28℃；播种到开花约90天。

形态特征：株高约40～60cm。茎直立，四棱。全株有灰色柔毛。叶对生；椭圆形或椭圆状披针形，边缘有锯齿。穗状花序顶生，有分枝；小花花冠漏斗状，花瓣5；蓝紫色。

其他用途：药用、香草茶，叶片可作为蔬菜食用。

假龙头花

拉丁名：*Physostegia virginiana*

别名：随意草、芝麻花、虎尾花　　**科属**：唇形科假龙头花属

原产地：原产于北美洲。

多年生草本。株形整齐，花序长，花色淡雅，适合作园林地被或布置花坛、花境。也可盆栽观赏。花期7～10月。喜光，耐半阴，耐热，耐寒，喜肥。喜疏松、肥沃、排水良好的沙质壤土。适应性强，病虫害少。播种繁殖。种子发芽温度20～25℃；发芽天数7～15天；生长适宜温度15～35℃；播种到开花约90天。有自播习性。

形态特征：株高约50～80cm。茎丛生而直立，四棱形。单叶对生；披针形，边缘具锯齿。穗状花序顶生；花冠2唇形；花粉红、白、淡紫红等色。

大花夏枯草

拉丁名：*Prunella grandiflora*

别名：麦穗夏枯草、铁色草　　**科属**：唇形科夏枯草属

原产地：原产于欧洲至亚洲西部。

多年生草本。花期夏季，适合夏季花坛、花境、岩石园及地被植物应用。也可盆栽。花期5～9月。喜光，耐旱，耐寒，可耐－15℃低温。对土壤要求不严。播种繁殖。种子发芽温度18～25℃；发芽天数10～15天；生长适宜温度18～30℃；播种到开花约80天。

形态特征：高30～50cm。茎钝4棱形。叶卵状长圆形，边缘略有齿。花6朵1轮组成密集的轮伞花序，生于枝顶，似圆柱状花穗；花冠筒长约1cm，冠檐二唇形，上唇长圆形，向下弯扣，下唇宽大，3裂，中裂片较大；花色有蓝、紫蓝、粉、白等。有羽叶品种。

紫毛蕊花

拉丁名：*Verbascum phoeniceum*

别名：毛蕊花　　**科属**：玄参科毛蕊花属

原产地：我国原产于新疆。俄罗斯北部有分布。

多年生草本，常用作一二年生栽培。适宜配置花坛、花境；也可盆栽。花期 4～6 月。喜光，亦耐阴，耐寒，忌炎热、多雨气候。喜排水良好的石灰质土壤，忌冷、湿、黏重土壤。播种繁殖。种子发芽温度 18～25℃；发芽天数 10～15 天；生长适宜温度 15～30℃；播种到开花约 90 天。种子非常细小，需 1：100 的细砂土拌种，表面不用覆土。

形态特征：株高约 40～70cm。叶几乎全为基生，卵形至矩圆形，边缘具粗圆齿至浅波状，叶上面脉纹处明显凹陷。花序总状，有时有分枝；花瓣 5，近圆形，有梗；花色为紫、粉红、淡粉、白等。

柳穿鱼

拉丁名：*Linaria vulgaris*
科属：玄参科柳穿鱼属

原产地：我国原产于北部地区。欧亚大陆北部温带广泛分布。

多年生草本。花形美丽，姿态可爱，适宜应用于花坛、花境及地被片植；也可用于切花、盆栽。花期6～9月。喜光，喜凉爽气候，耐旱，较耐寒，不耐酷热，不耐涝。宜中等肥沃、适当湿润而又排水良好的土壤。播种或分株繁殖。种子发芽温度18～22℃；发芽天数8～12天；生长适宜温度15～30℃；播种到开花约70天。能自播。生长茂盛季节要反复摘心，适当控制高度，促使株丛矮而密实，多开花。

形态特征：株高约30～50cm。茎直立，上部多分枝。单叶互生；叶条形至条状披针形，顶端渐尖，全缘，无毛。总状花序顶生，小花密集；花冠二唇形，上唇直立，2裂，下唇3裂，中央向上唇隆起，并扩大；花有粉红、红、蓝紫、白、黄等色。

毛地黄

拉丁名：*Digitalis purpurea*

别名：自由钟　**科属**：玄参科毛地黄属

原产地：原产于欧洲西部。

多年生草本，常作一二年生栽培。植株高大、花序、花形优美，适合南方地区于冬、春季节在花境、花坛、岩石园中作自然式花卉布置。也可作切花。花期6～8月。喜半阴，可植于树下，喜通风、湿润、凉爽的环境，较耐寒，耐干旱，怕多雨、积水和高温，温度超过19℃，或光照过强，会导致徒长。喜富含腐殖质的肥沃土壤。播种繁殖。种子发芽温度15～18℃；发芽天数10～15天；生长适宜温度15～28℃；播种到开花约90天。种子细小，要1：100的细砂土拌种，表面不用覆土。当年播种不能见花。

形态特征：株高约50～80cm。茎直立，少分枝。全株被灰白色毛。叶卵圆形或卵状披针形，粗糙、皱缩，叶缘有圆锯齿，叶柄具狭翅，基生时呈莲座状；叶形由下至上渐小。顶生总状花序长50～80cm；花冠钟状；花色有红、粉、蓝、紫、白等，内侧有斑点；有重瓣品种。

穗花婆婆纳

拉丁名：*Veronica spicata*

别名：卵子草、石补丁、双肾草　**科属**：玄参科婆婆纳属

原产地：原产于欧洲北部及亚洲。我国新疆西北部有分布。

多年生草本。株形紧凑，花穗挺拔细长，花冠为高雅的淡蓝紫色，花期恰逢仲夏缺花季节，适合于花坛丛植或与其他花卉混植布置多年生花境；也可作线型切花花材。花期5～10月。喜光，耐高温。喜肥力中等、排水良好的土壤。播种或分株繁殖。种子发芽温度18～25℃；发芽天数7～15天；生长适宜温度15～38℃；播种到开花约90天。

形态特征：高达30～80cm。茎直立，单生或丛生，不分枝。全株被毛。叶对生；披针形至卵圆形，无柄或有短柄，边缘具细至粗齿，少全缘。花序顶生，花多而密集成长穗状，并呈尾状；小花几无柄，花冠筒短，花冠裂片4，稍2唇形；花蓝、蓝紫、粉红等色。

其他用途：嫩叶为野菜。

吊钟柳

拉丁名：*Penstemon campanulatus*

别名：钓钟柳　　**科属**：玄参科吊钟柳属

原产地：原产于墨西哥、危地马拉。

多年生草本，常作一二年生栽培。花序长，整体花期较持久，且花色鲜艳，是配置花境的优良材料，也可用于岩石园；亦可盆栽。花期 5～9 月。喜光，稍耐半阴，喜凉爽、湿润、通风良好的环境，忌炎热、干旱。喜肥沃、排水良好的石灰质土壤，忌酸性土壤。播种繁殖。种子发芽温度 18～22℃；发芽天数 8～12 天；生长适宜温度 10～35℃；播种到开花约 90 天。

形态特征：株高约 30～50cm。茎直立，丛生。全株被绒毛。叶互生；披针形。小花单朵或 3～4 朵组成聚伞花序排列在花轴上呈圆锥花序状；花冠筒钟状，先端二唇形，上唇 2 裂，下唇 3 裂；花为红、蓝、紫、粉、白、黄等颜色。

风铃花

拉丁名：*Campanula medium*

别名：风铃草、悬钟花、荷兰钟、自由钟　　**科属**：桔梗科风铃草属

原产地：原产于欧洲南部。

一二年生草本。花朵形似风铃，色彩鲜艳，迎风摇曳，美丽而可爱，适合庭院栽培或花境应用；也可作大中型盆栽或用作切花。花期5～7月。喜光，也耐半阴，喜温暖、湿润，性耐寒，忌炎热。适宜腐殖质丰富、疏松、透气的沙质土壤，生长期保持土壤湿润。播种或扦插繁殖。种子细小，种植时表面不用覆土。种子发芽温度15～20℃；发芽天数8～12天；生长适宜温度15～30℃；播种到开花约90天。当年播种次年开花。

形态特征：株高约60～100cm。茎直立，具分枝，多毛。基生叶卵形至倒卵形，叶缘圆齿状波形，粗糙，叶柄具翅；茎生叶披针形。总状花序；小花花冠钟状，5浅裂，基部略膨大，先端常反卷；花色有白、蓝、紫、粉红、蓝及复色等。园艺品种有套瓣及重瓣者。

聚花风铃花

拉丁名：*Campanula glomerata*

别名：灯笼花　**科属**：桔梗科风铃草属

原产地：原产于欧洲西部。

多年生草本。植株高大，生长旺盛，适宜花坛、花境栽培；可作切花。花期6～8月。喜光，耐旱，喜冷凉，怕高温。喜富含腐殖质、排水良好的土壤。播种繁殖。种植时表面覆土约0.5cm。种子发芽温度15～20℃；发芽天数8～12天；生长适宜温度15～35℃；播种到开花约90天。

形态特征：株高约50～70cm。茎直立、强壮，有时在上部分枝。基生叶莲座状；茎生叶下部的具长柄，叶片长卵形至心状卵形，上部的无柄。花数朵集成头状花序状；花大而多；紫、蓝紫或蓝色。

从生风铃花

拉丁名：*Campanula isophylla*

别名：同叶风铃草、意大利风铃花

科属：桔梗科风铃草属

原产地：原产于欧洲南部。

多年生草本。植株低矮、蔓生，极适合吊盆栽培，也可丛植于花坛、花境及作地被。喜光，喜冷凉而干燥的气候，不耐高温、多湿。宜排水良好的石灰质土壤。花期5～9月。播种繁殖。种植时表面覆土约0.5cm。种子发芽温度15～20℃；发芽天数7～10天；生长适宜温度15～35℃；播种到开花约90天。

形态特征：株高约15～20cm。分枝密集。叶小，心状卵形，边缘具锯齿。花大而多，浅碟状；白、蓝、蓝紫或紫色。

桔梗

拉丁名：*Platycodon grandiflorus*

别名：包袱花、铃铛花、僧帽花　　**科属**：桔梗科桔梗属

原产地：原产于我国。朝鲜半岛、日本和西伯利亚东部均有分布。

多年生草本。花色淡雅，为良好的花丛、花境配植材料，也宜用于岩石园或作切花。花期 5～9 月。喜温和、凉爽气候，苗期怕强光直晒，成株喜阳光，怕积水，耐干旱，耐严寒。适宜在土层深厚、疏松而富含腐殖质的沙质壤土上栽培。播种及分株繁殖。种子发芽温度 18～25℃；发芽天数 7～12 天；生长适宜温度 15～28℃；播种到开花约 80 天。分株暖地于秋季；寒地于春季进行。

形态特征：株高约 30～50cm。根肉质长圆柱形，可食用。茎直立。叶轮生或互生；卵形或卵状披针形，边缘有锯齿。花单生或数朵聚生茎顶；花萼和花冠钟状，含苞时形似僧冠帽；花冠蓝紫色或蓝白色，裂片 5。

大锯草

拉丁名：*Achillea millefolium*

别名：蓍草、欧蓍草、多叶蓍　　**科属**：菊科蓍草属

原产地：原产于我国西北及东北地区。欧洲、亚洲北部、非洲北部均有分布。

多年生草本。枝叶婆娑，花色美丽，适宜配置花坛、花境，也可混植于野生花卉园；还可作切花。花期5～10月。喜光，亦耐阴，喜温暖、湿润，耐寒。不择土壤，但在排水良好、富含有机质及石灰质的沙壤土上生长良好。播种、扦插或分株繁殖。种子发芽温度18～25℃；发芽天数10～15天；生长适宜温度15～30℃；播种到开花约90天。

形态特征：株高约40～70cm。茎直立，上部分枝或不分枝。叶无柄，披针形、矩圆状披针形至条形，2～3回羽状全裂；末回裂片近条形。多数头状花序密集成复伞房状花序。每个头状花序有边花5朵，雌性，舌片近圆形，花色为红、粉红、紫红、白等；中央盘花两性，管状，5齿裂。

藿香蓟

拉丁名：*Ageratum conyzoides*
别名：胜红蓟　**科属**：菊科胜红蓟属

原产地：原产于中、南美洲。

多年生草本，常作一年生栽培。花天蓝、紫蓝、粉色及白色，株丛繁茂，花色淡雅，形态别致，常用来配置花坛和地被，也可用于小庭院点缀；矮生种可盆栽观赏。花期5～10月。喜光，喜温暖、湿润，不耐寒。对土壤要求不严，在沙壤土、田园土、微酸或微碱性土中均能生长良好。播种或扦插繁殖。种子发芽温度20～25℃；发芽天数8～12天；生长适宜温度20～35℃；播种到开花约60天。分枝力强，需多次摘心或修剪。

形态特征：株高约20～40cm。茎粗壮，半蔓性。叶对生，有时上部互生；叶片卵圆形或卵圆状三角形，边缘有钝圆锯齿，叶面有皱。头状花序数个排列成伞房状；每个花头状花序中的花全部为管状花，顶端5丝裂，密集如缨状。

春黄菊

拉丁名：*Anthemis tinctoria*
科属：菊科春黄菊属

原产地：原产于欧洲。

多年生草本。花开繁茂，花期长，适应性强，栽培容易，适合花坛、花境栽培或作地被。花期5～9月。喜光，喜凉爽、干燥气候，性耐寒。喜疏松、肥沃、排水良好的土壤。播种繁殖，春秋季进行。种子发芽温度20～25℃；发芽天数7～15天；生长适宜温度15～35℃；播种到开花约80天。

形态特征：株高约20～60cm。茎直立，具条棱，上部常分枝。叶轮廓矩圆形，2回羽状全裂，裂片披针形，叶轴常有齿，下面被白色柔毛。头状花序单生于茎顶，径3～4cm；花异形，雌花舌状，金黄色或白色；两性花筒状，5齿裂。

高山紫菀

拉丁名：*Aster alpinus*

别名：高岭紫菀　**科属**：菊科紫菀属

原产地：原产于北半球高海拔或高纬度低海拔地区，为山地草原和草甸地带的标志种。

多年生草本。适宜较寒冷地区作夏季花坛、花境及地被植物应用；也可盆栽。花期5～8月。喜光，亦耐阴，耐寒，耐旱，喜空气湿润、通风良好的环境。要求肥沃、排水良好的土壤。播种繁殖。种子发芽温度20～25℃；发芽天数20～25天；生长适宜温度10～28℃；播种到开花约90天。

形态特征：株高约20～30cm。茎直立、粗壮，不分枝。基生叶莲座状，匙形或线状长圆形；中部叶长圆披针形或近线形；上部叶狭小。头状花序单生枝顶；边缘舌状花淡紫色、粉红色、蓝紫色；中央管状花黄色或红褐色。

荷兰菊

拉丁名：*Aster novi-belgii*
别名：纽约紫菀、柳叶菊　　**科属**：菊科紫菀属

原产地：原产于北美洲。

多年生草本。适应性强，开花繁茂，花色鲜艳，植株较矮，自然成形，自然花期8～10月，适宜于夏、秋季花坛、花境及地被植物等；也可盆栽或用于切花。花期5～10月。喜光，喜通风良好的生长环境，耐寒性强，在我国东北地区可露地越冬，也耐干旱和炎热。对土壤要求不严，在湿润、肥沃、排水良好的土壤中生长最好。播种、扦插或分株繁殖。种子发芽温度20～25℃；发芽天数20～30天；生长适宜温度10～28℃；播种到开花约100天。

形态特征：株高约30～60cm。茎丛生，多分枝。单叶互生；叶片椭圆形至椭圆状披针形。头状花序单生枝顶；外轮舌状花雌性，舌片狭长，颜色为淡紫、淡蓝、玫瑰红、粉红及白色；中央管状花两性，黄色。

红花

拉丁名：*Carthamus tinctorius*

别名：红蓝花、刺红花　　**科属**：菊科红花属

原产地：原产于中亚地区。

多年生草本。花色美丽，花多，栽培管理简便，可作为较干旱地区的花坛花卉或地被植物栽培。花期 5～6 月。耐旱，耐寒，耐盐碱。对土壤要求不严格，以土层深厚、肥沃、排水良好、中性的沙质壤土为好。播种、扦插或分株繁殖。种子发芽温度 20～25℃；发芽天数 15～20 天；生长适宜温度 18～30℃；播种到开花约 120 天。

形态特征：高 30～90cm。茎直立，上部分枝。叶互生；卵形或披针形，质地坚硬，两面光滑无毛，边缘有刺齿。头状花序多数，在茎枝顶端排成伞房花序；小花全部为两性的管状花，长 1～2cm，花冠筒细长，先端 5 裂，裂片狭条形；花冠橘红色、黄色或红色。

其他用途：红花油可制造人造奶油、烹调油、蛋黄酱和色拉油。

宿根矢车菊

拉丁名：*Centaurea macrocephala*
别名：亚美尼亚篮花、大矢车菊、黄矢车菊、球花矢车菊
科属：菊科矢车菊属

原产地：原产于高加索地区。

多年生草本。花头较大，花形类似刺菜，花色亮黄，花的基部有浅棕色的花苞围合，好像松树的球果或藤编的菜篮，故得名。可用于花坛、花境；也可用作干花或切花。喜光。喜干燥、中等潮湿和排水良好的土壤。春季在冷床中或播种盘中播种。出苗率尚可；也可在春季或秋季分根繁殖。种子发芽温度20～25℃；发芽天数15～20天；生长适宜温度18～30℃；播种到开花约100天。

形态特征：高30～50cm。茎直立，不分枝。叶互生；长椭圆状披针形，边全缘。头状花序单生枝顶；总苞片浅棕色，数层，顶端分裂呈须状；花形似刺蓟，花色亮黄。

大花金鸡菊

拉丁名：*Coreopsis grandiflora*
科属：菊科金鸡菊属

原产地：原产于北美洲。

多年生草本。花大，常开不绝。还能自行繁衍，是极好的疏林地被。可观叶，也可观花，适宜作花坛、花境及地被等；也可盆栽或切花。花期5～7月。喜光，耐半阴，适应性强，耐干旱，可耐－10℃低温。对土壤要求不严。播种及分株繁殖。种子发芽温度18～25℃；发芽天数10～15天；生长适宜温度15～35℃；播种到开花约90天。可自播。

形态特征：高30～90cm。全株稍被毛，有分枝。叶具叶柄；基生叶羽状全裂；茎生叶3～5深裂，裂片披针形或条形。头状花序径约4～6cm；舌状花通常8枚，黄色，顶端3裂；管状花也为黄色；多为单瓣，也有重瓣品种。本属园艺种类很多。本属与秋英（波斯菊）属的主要区别在于后者果实的冠毛宿存，有尖喙，而本属冠毛脱落。

二色金鸡菊

同属常见栽培种：

①金鸡菊 *Coreopsis basalis*（或 *Coreopsis drummondii*），一年生草本；株高约30～60cm；全株光滑或疏生柔毛，多分枝；叶1～2回羽状全裂，裂片卵形至长圆形，茎生叶有时裂成线形；头状花序径2.5～5cm，内外列总苞片近等长，舌状花8枚，黄色，管状花紫红色或黑紫色。

②剑叶金鸡菊（*Coreopsis lanceolata*），又名大金鸡菊；多年生草本；茎无毛或疏生长毛；叶全缘，在基部成对簇生，长圆状匙形或线状披针形，有长柄，茎生叶很少；头状花序径约5～6cm，舌状花8枚，黄色，端2～3裂，管状花黄色。原种已半归化，在有些地区已成为入侵种。栽培者多为其重瓣品种。

③二色金鸡菊（*Coreopsis tinctoria*），又名蛇目菊、金线菊；一年生草本；下部及中部叶有长柄，二次羽状全裂，裂片线形，上部叶线形；外列总苞远较内列短，舌状花花瓣8枚，到卵形，先端2～3浅裂，黄色、红色或上部黄色基部红褐色，管状花紫红色或黑紫色。品种很多。

④轮叶金鸡菊（*Coreopsis verticillata*）：茎无毛，少分枝；叶掌状3深裂，各裂片又细裂成线形；管状花黄色至黄绿色。

小丽花

拉丁名：*Dahlia pinnata*

别名：大理花、西番莲、天竺牡丹　　**科属**：菊科大丽花属

原产地：原产于墨西哥海拔1500m左右的高原地区。

多年生草本。为大丽花的矮生类型品种群。植株低矮，花期长，花色艳丽而丰富，适宜盆栽、花坛、花境及地被景观。华北地区花期夏季至秋季，一般可连续开花4～5个月；在适宜的环境中一年四季都可开花。喜光，喜干燥、凉爽的环境，不耐寒，怕高温、高湿。喜肥沃、疏松、排水良好的沙质壤土。播种、扦插或分株繁殖。种子发芽温度20～25℃；发芽天数8～12天；生长适宜温度15～35℃；播种到开花约90天。

形态特征：株高约20～70cm。具纺锤状肉质块根。茎直立、粗壮，多分枝。叶1～3回羽状全裂，上部叶片有时不分裂。头状花序，1个总花梗上可着生数朵花，花径大小依品种而变化，约在10～30cm；花色丰富，有红、黄、白、粉、橘红、紫、紫红等色；有重瓣品种。

松果菊

拉丁名：*Echinacea purpurea*

别名：紫松果菊、紫锥花　　**科属**：菊科松果菊属

原产地：原产于北美洲。

多年生植物。管理粗放，适宜做花坛、花境及地被植物；也可用于盆栽、切花、干花。花期4～7月。喜光，耐半阴，喜温暖环境，较耐寒，越冬温度需在－10℃以上。在腐殖质丰富的土壤中生长旺盛。播种或分株繁殖。种子发芽温度20～25℃；发芽天数10～15天；生长适宜温度15～30℃；播种到开花约80天。能自播。

形态特征：株高约40～70cm。茎直立，有毛。叶具长柄；基生叶卵形或三角形；茎生叶卵状披针形，叶柄基部稍抱茎。头状花序单生于枝顶，径可达10cm；舌状花紫红色或玫红色；管状花橙黄色或棕紫色，花后期花托凸起似松果。

大花飞蓬

拉丁名：*Erigeron speciosus*

别名：华丽飞蓬　　**科属**：菊科飞蓬属

原产地：原产于北美洲。

多年生草本。适用于花坛、花境或丛植于篱旁、山石前；也可作切花或盆栽观赏。花期5～9月。喜光，耐寒性极强。土壤要求排水良好。播种繁殖。种子发芽温度18～22℃；发芽天数8～12天；生长适宜温度15～30℃；播种到开花约90天。

形态特征：高40～60cm。茎直立，有分枝并具疏毛。叶互生；匙形至狭披针形。头状花序顶生；边缘舌状花花瓣细，线形，蓝紫色；中央为管状花，黄色。

宿根天人菊

拉丁名：*Gaillardia aristata*

别名：车轮菊、大天人菊　　**科属**：菊科天人菊属

原产地：原产于北美洲。

多年生草本。色彩富丽，花期长，生性强韧，栽培管理简单，适合用于花坛、花丛、花境。花期5～9月。抗风性好、耐旱，是很好的沙地绿化、美化植物。喜光，耐半阴，耐干旱、炎热，不耐寒。宜排水良好的疏松土壤。播种繁殖。种子发芽温度18～25℃；发芽天数8～12天；生长适宜温度15～30℃；播种到开花约80天。

形态特征：株高约60～100cm。茎分枝少或不分枝。下部叶匙形或倒披针形，边缘具波状齿或浅裂、深裂；上部叶小，长椭圆形，全缘或有浅裂。头状花序径30～50cm；边缘舌状花宽楔形，先端2～3裂；中央为管状花。

多年生草花

勋章菊

拉丁名：*Gazania rigens*

别名：勋章花　　**科属**：菊科勋章花属

原产地：原产于南非、莫桑比克。

多年生草本。花瓣黄、粉及橙色，基部棕黑色，整个花序斑纹放射状，如勋章。白天在阳光下开放，晚上闭合。适宜布置花坛、花境或作地被植物；可盆栽，也是很好的插花材料。花期4～10月。喜光，怕水涝，耐干旱。喜排水良好的肥沃土壤。播种或分株繁殖。种子发芽温度18～22℃；发芽天数8～12天；生长适宜温度10～35℃；播种到开花约80天。

形态特征：株高约20～30cm。叶丛生，披针形、倒卵状披针形或扁线形，全缘或有浅羽裂，叶背密被白绵毛。头状花序单生，有长花梗，径7～8cm；边缘舌状花黄、橙红、粉红等色，有光泽，基部多具深色斑，并有条纹。

常见观赏栽培有：羽叶勋章菊（*Gazania pinnata*）等。

大滨菊

拉丁名：*Leucanthemum maximum*

别名：大白菊　　**科属**：菊科滨菊属

原产地：原产于欧洲。

多年生草本。花期夏季，植株整齐，适合于夏季花坛、花境应用；花枝是优良切花。花期5～8月。喜光，耐半阴，耐寒，耐旱，生性强健，在我国华北地区可露地越冬。不择土壤，园田土、沙壤土、微碱或微酸性土均能生长。播种繁殖。种子发芽温度22～26℃；发芽天数7～15天；生长适宜温度15～30℃；播种到开花约60天。

形态特征：株高约40～100cm。茎直立，通常不分枝。基生叶倒披针形或匙形，具长柄，边缘具尖齿；茎生叶互生，无柄，线形，边缘具细尖齿。头状花序单生茎顶，直径达7cm；总苞片边缘干膜质；舌状花白色，有香气；管状花两性，黄色。瘦果具纵肋8～12条。

同属常见栽培种：滨菊（*Leucanthemum vulgare*），又名西洋滨菊、春白菊；高15～60cm；叶边缘圆或具钝锯齿；头状花序径约3.5cm。

蛇鞭菊

拉丁名：*Liatris spicata*

别名：麒麟菊　　**科属**：菊科蛇鞭菊属

原产地：原产于美国东部。

多年生草本。花期较长，花茎挺立，花色清丽，有自然花材之美，适于作切花；在园林中可用于花境或野花区；也可盆栽。花期 5～7 月。喜光，稍耐阴，耐寒，耐贫瘠。喜疏松、肥沃、排水良好的土壤，生长季节喜土壤湿润。播种或分株繁殖。种子发芽温度 18～22℃；发芽天数 10～15 天；生长适宜温度 15～30℃；播种到开花约 120 天。

形态特征：株高约 50～80cm。茎基部膨大呈扁球形。单叶互生，披针形至线形，基生叶长，上部渐短。花序由多数小头状花序排列成密穗状，长约 60cm，上部花先开放，花紫色或玫瑰紫色。

母菊

拉丁名：*Matricaria recutita*

别名：洋甘菊　　**科属**：菊科母菊属

原产地：原产于欧洲及亚洲北部、西部。我国新疆有分布。

多年生草本，常作一二年生栽培。花期长，花色淡雅，全株具有浓郁药香味，成片种植香气四溢，适宜作花坛、花境及景观植物；也可盆栽观赏。花期5～7月。喜光，喜温暖、通风环境，耐旱，稍耐寒。对土壤要求不严。播种、扦插或分株繁殖。种子发芽温度20～25℃；发芽天数10～15天；生长适宜温度15～28℃；播种到开花约100天。

形态特征：株高约30～50cm。植株低矮，上部多分枝。下部及中部叶轮廓矩圆形或倒卵形，2回羽状全裂，无柄；上部叶卵形或长卵形。多个头状花序在枝顶组成伞房状花序；小花异型，外周舌状花1轮，舌片白色，盛开后略反折；盘心管状花多数，花冠黄色，中部以上扩大，冠檐5裂。

草原松果菊

拉丁名：*Ratibida columnifera*
科属：菊科草原松果菊属

原产地：原产于加拿大。

多年生植物，常作一二年生栽培。管理粗放，适宜做花坛、花境及地被植物；也可用于盆栽或切花。花期 5～9 月。喜光，耐旱，耐寒。喜疏松、肥沃、排水良好的土壤，忌湿重的黏土。播种繁殖。种子发芽温度 20～25℃；发芽天数 7～15 天；生长适宜温度 15～35℃；播种到开花约 80 天。

形态特征：株高约 40～70cm。茎直立，具粗毛，枝条基生。叶互生，羽状分裂，裂片线形至狭披针形，全缘。头状花序单生于枝顶；边缘舌状花黄色，有红花品种；中央管状花花托柱状凸起，形如松果，比松果菊及黑心菊的更为突出。

蒲公英

拉丁名：*Taraxacum mongolicum*
别名：尿床草、金簪草　　**科属**：菊科蒲公英属

原产地：原产于我国各地。北半球温带和亚寒带地区广泛分布。

多年生草本。早春开花，花黄色，花后瘦果顶生冠毛呈白色绒球状，极具田园韵味，适合与紫花地丁配合点缀于早春的草坪中；也可盆栽观赏。花期 3～6 月。喜光，适应性极强，耐瘠薄，耐干旱，耐寒。播种繁殖。种子发芽温度 18～22℃；发芽天数 8～12 天；生长适宜温度 15～30℃；播种到开花约 80 天。

形态特征：株高约 20～30cm。植株含白色乳汁。叶基生，排成莲座状，狭倒披针形，边缘具波状倒齿或大头羽裂、羽裂，裂片三角形。头状花序具长梗；舌状花鲜黄色，先端平截，5 齿裂。

黑心金光菊

拉丁名：*Rudbeckia hirta*

科属：菊科金光菊属

原产地：原产于北美洲。

多年生草本，常作一二年生栽培。管理粗放，花期长，适宜丛植片植，公路绿化，可作花境、花带、花坛栽培；也可作切花或盆栽。花期5～10月。喜光，耐寒冷，耐干旱。适宜排水良好的沙质土壤。播种或分株繁殖。种子发芽温度20～25℃；发芽天数8～12天；生长适宜温度15～30℃；播种到开花约70天。自播能力强。华北地区可露地越冬。

形态特征：株高约60～100cm。茎直立，全株被粗刺毛；基生叶匙形至长椭圆形，茎生叶互生，不分裂，椭圆状披针形；头状花序单生，舌状花黄色，先端有2～3不整齐的短齿，有时有棕色环带，花瓣有单瓣、半重瓣及重瓣；管状花暗褐色或暗紫色。有重瓣品种。

同属常见栽培种及品种：

金光菊（*Rudbeckia laciniata*）：上部有分支；无毛或稍被短糙毛。叶互生；下部叶有柄，不分裂或羽状5～7深裂；中部叶3～5深裂；上部叶不分裂。舌状花金黄色，先端具2短齿；管状花黄色或黄绿色。

黑心金光菊常见栽培的还有舌瓣为各种不同黄、红色系的杂交品种。

马蔺

拉丁名：*Iris lacte* var.*chinensis*

别名：马兰花、蝴蝶花、马莲花　　**科属**：鸢尾科鸢尾属

原产地：原产于我国各地。俄罗斯、朝鲜半岛、印度也有分布。

多年生草本。叶色泽青绿，在北方地区绿期可达280天以上，紫色的花淡雅美丽，花期长达50天，适宜于花境、公路绿化及岩石园；也可盆栽或作为切花材料。花期5～6月。喜光，亦耐阴，耐寒，耐旱，耐盐碱，耐践踏，生命力极强，是水土保持和盐碱地改造的好品种。对土壤要求不严。播种或分株繁殖。种子发芽温度18～22℃；发芽天数25～35天；生长适宜温度15～28℃；播种到开花约100天。

形态特征：株高约30～60cm。根状茎粗壮，外包有大量致密的老叶残留叶鞘及毛发状的纤维。叶草质，基生，灰绿色，条形或狭剑形，基部鞘状嵌套。总状花序，花茎分支扁平，花瓣状；花蓝紫色，花被裂片6，两轮排列，外轮略宽大，倒披针形，爪部楔形，中部有黄或白色条纹；内轮狭倒披针形，爪部狭楔形。

其他用途：叶子纤维坚韧，可用于编织，煮后可当绳子使用，用来包粽子、绑架杆。

鸢尾

拉丁名：*Iris tectorum*

别名：紫蝴蝶、蓝蝴蝶　　**科属**：鸢尾科鸢尾属

原产地：原产于我国及日本。

多年生草本。叶碧绿青翠，花色丰富，花大，宛若翩翩彩蝶，是花坛及庭院绿化的良好材料；也可用于切花或盆栽。喜光，亦耐半阴，喜凉爽，耐寒力强。要求适度湿润、排水良好、富含腐殖质、略带碱性的黏性土壤。分株或播种繁殖。分株春季花后或秋季进行均可，一般种植 2～4 年后分栽 1 次。分割根茎时，注意每块应具有 2～3 个不定芽。播种繁殖于种子成熟后立即播种，实生苗需要 2～3 年才能开花。

形态特征：株高约 30～50cm。根状茎匍匐多节，粗而节间短。叶渐尖状剑形，互生，淡绿色，呈二纵列交互排列，基部套叠。总状花序 1～2 枝；每枝有花 2～3 朵；花蝶形，花冠蓝紫色或紫白色，径约 10 cm；花被片 6，外轮 3 枚萼片较大，宽卵形，内 3 枚花瓣较小，倒卵形；外轮花被有深紫斑点。鸢尾属共 300 多种，现各地栽培的德国鸢尾、荷兰鸢尾均为鸢尾属多种的杂交品种。花大形，花色丰富，有蓝、紫、黄、白、淡红、复色等。还有球根的种类。

紫露草

拉丁名：*Tradescantia virginiana*

别名：美洲鸭跖草、无毛紫露草　　**科属**：鸭跖草科鸭跖草属

原产地：原产于北美洲。

多年生草本。花期长，株形奇特、秀美，具有十足的野味，于花坛、道路两侧丛植效果较好；也可盆栽供室内摆设，或作垂吊式栽培。花期5～8月。喜光，但也能耐半阴，生性强健，耐寒，在华北地区可露地越冬。对土壤要求不严。播种繁殖。种植时表面覆土不超过1cm即可。种子发芽温度18～25℃；发芽天数8～12天；生长适宜温度15～35℃；播种到开花约100天。扦插或分株繁殖均较容易。

形态特征：株高约30cm。茎多分枝，上部近于直立，下部匍匐状，节明显，节上常生须根。叶互生；有叶鞘，条状披针形。花多朵簇生枝顶；花瓣3，近圆形；花蓝紫色，花蕊黄色；单花只开1天。

芳香与药用植物

◎ 芳香植物又称香草，它们主要是因为植株具有芳香气味，而被栽培于园林或庭院中的，花是否美丽，退为其次。

◎ 它们中的许多种类植株可以提炼芳香油，可用于化妆品，有很高的经济价值。

◎ 芳香植物的产品还可以用于养颜、花草茶、蔬用，有很好的健身效果。

◎ 芳香植物还含有药用成分，可以用于制药，治疗各种疾病。

七里香

拉丁名：*Malcolmia maritima*
别名：涩荠、马康草、离蕊荠、千果草、麦拉拉
科属：十字花科涩荠属

原产地：原产于我国西北和河北、山西、河南、江苏、四川等地。亚洲北部、西部以及欧洲、非洲也有分布。

一二年生草本。花期长，从春季到秋季一直开放，开花时有甜香，适合布置岩石园或花境。花期5～10月。喜光，也耐半阴，喜温暖、湿润。对土壤要求不严。播种繁殖。种子发芽温度15～20℃；发芽天数10～15天；生长适宜温度20～30℃；播种到开花约60天。最好直播，不耐移栽。

形态特征：株高约10～20cm。全株有灰色具分枝绒毛。茎自基部分枝，直立或呈铺散状。基生叶和茎下部的叶有柄，叶片长圆形或近椭圆形，边缘具波状齿、羽状分裂或近全缘；茎上部的叶渐小，无柄，全缘。总状花序顶生；花小而多；花瓣4；白色、粉红色、紫堇色，中心白色。

香囊草

拉丁名：*Trigonella foenum-graecum*

别名：胡芦巴、香豆、香草　　**科属**：豆科胡卢巴属

原产地：原产于地中海地区。

一年生草本。籽实和全草含挥发油，有浓郁持久的香味，具有防腐、杀菌、驱虫等特殊效能。阴干的茎叶可作为日用化工产品香料的原料、工业用香精；种子为制作香囊的上好材料，放置于衣柜能驱虫，使衣物增添芳香。花期5～8月。喜光，喜温暖、凉爽，较耐寒、耐旱。喜肥沃、排水良好的土壤。适应性较强。播种繁殖。种子发芽温度18～22℃；发芽天数8～12天；生长适宜温度15～35℃；播种到开花约70天。

形态特征：株高约30～50cm。三出复叶互生；小叶长卵形或卵状披针形，两边均生疏柔毛。蝶形小白花，排列成总状花序。小坚果有芳香。

其他用途：嫩的茎叶可作为特菜食用，常做于凉拌烹饪；种子生产出的植物胶，广泛用于钻井和地质钻探。

油菜花

拉丁名：*Brassica campestris*
科属：十字花科芸薹属

原产地：原产于我国。全国各地广泛栽培。

一二年生草本。种子可榨油，是重要的油料作物，有较高的经济价值及营养价值。整片种植开花时美丽、壮观，近年来特别受旅游者、摄影爱好者追捧。花期3月（长江流域）~5月（华北地区）。喜光，喜温暖，较耐寒。喜土层深厚、肥沃、水分适宜的弱酸或中性土壤。一般秋季播种繁殖。种子发芽温度15~20℃；发芽天数7~15天；生长适宜温度15~30℃；播种到开花约50天。

形态特征：形态特征：株高约30~90cm。叶互生；基生叶匍匐生长，椭圆形，有叶柄，大头羽状分裂；下部茎生叶羽状半裂，基部扩展且抱茎；上部茎生叶提琴形或披针形，基部抱茎，两侧有垂耳，全缘或有枝状细齿。总状无限花序着生于主茎或分枝顶端；花黄色，花瓣4；雄蕊6枚，4强。长角果条形。

其他用途：料理、观赏。

菘蓝

拉丁名：*Isatis indigotica*

别名：板蓝根、茶蓝、大青叶　　科属：十字花科菘蓝属

原产地：原产于我国北方。亚洲其他地区和欧州也有。

一二年生草本。为药用植物，根入药称板蓝根；叶入药称大青叶。鲜叶也是制作青黛的原料，是古代染料的重要材料。本种经济价值高，适合家庭庭院栽培。花期 5 月。适应性较强，能耐寒，喜温暖，怕水涝。温度适宜时，叶片生长肥大。喜疏松、肥沃、排水良好的沙壤土。播种繁殖。种子发芽温度 18～25℃；发芽天数 7～15 天；生长适宜温度 15～35℃；播种到开花约 90 天。

形态特征：茎直立，高 40～90cm。叶互生，基生叶矩圆状椭圆形，有柄；茎生叶矩圆形至矩圆披针形，先端钝，基部箭形，半抱茎，全缘或有不明显锯齿。复总状花序；花小，直径 3～4mm；花萼 4，绿色；花瓣 4，倒卵形，黄色。

其他用途：根、叶药用，能清热解毒，治喉炎等症；种子含油量约 30%，供工业用油；叶可提取蓝色染料。

琉璃苣

拉丁名：*Borago officinalis*

别名：星星草　　**科属**：紫草科琉璃苣属

原产地：原产于东地中海地区。

一年生草本。具黄瓜香味，是一种优质的蜜源植物。适于布置花坛、庭院、芳香园及花境。花期5～10月。喜光，喜温暖，耐高温、多雨，也耐旱，不耐寒。喜肥，要求不太贫瘠的土壤。播种繁殖。种子发芽温度18～22℃；发芽天数7～12天；生长适宜温度15～30℃；播种到开花约70天。

形态特征：株高约40～70cm。全株有毛。单叶互生，长圆形或卵圆形，叶缘有刺，有长梗。花冠呈星状；花蓝色、紫色及白色。

其他用途：种子能提取香精油，生叶可食用，可用于料理、健康美容、花草茶。

藿香

拉丁名：*Agastache rugosa*

别名：蕾香、合香、仁丹香　　**科属**：唇形科藿香属

原产地：原产于我国。俄罗斯、朝鲜半岛、日本及北美洲也有分布。

多年生草本。为我国传统中药材，常作为药材栽培。植株生长整齐，全株有芳香气味，可成片栽培用于园林地被。花期 5～9 月。喜光，喜温暖、湿润环境，稍耐寒，怕干旱和积水。对土壤要求不严，宜疏松、肥沃和排水良好的沙壤土。播种繁殖。种子发芽温度 18～22℃；发芽天数 8～12 天；生长适宜温度 15～30℃；播种到开花约 90 天。

形态特征：株高约 30～50cm。茎直立，四棱形。叶对生；心状卵形至长圆状披针形，先端尾状长渐尖，边缘具粗齿；有叶柄。多层轮伞花序组成密集的圆筒形穗状花序在主茎或侧枝上顶生，每轮多花；花冠淡紫蓝色，冠檐二唇形，上唇直伸，先端微缺，下唇 3 裂，中裂片较宽大，侧裂片半圆形。小坚果卵状长圆形。

其他用途：全草入药有止呕吐、治霍乱腹痛、驱逐肠胃充气、清暑等功效。叶及茎富含芳香油，为化妆品原料。干燥叶还具有防虫效果。藿香叶片亦可作为烹饪佐料，或者烹饪材料。果可作香料。

神香草

拉丁名：*Hyssopus officinalis*

别名：海索草、柳薄荷　　**科属**：唇形科神香草属

原产地：原产于地中海地区及中亚的干旱沙地。

多年生草本至亚灌木。花色玫瑰色和蓝色，穗状花序，叶、茎、花有淡淡清香，适宜做花境及庭院绿化，也有药用价值。花期5～9月。喜光，喜温凉、干燥环境，忌积水。对土壤要求不严格，以排水良好、肥沃的微酸性沙壤土为好。播种繁殖。种子发芽温度20～25℃；发芽天数7～12天；生长适宜温度15～30℃；播种到开花约90天。早春播种。

形态特征：株高约40～50cm。直立，丛生性强。单叶，无柄，窄披针形至线形，全缘，略肉质。轮伞花序具花3～7朵，腋生，常偏向一侧，多个一起组成顶生的穗状花序；有时由于侧生花枝紧缩在主轴顶端聚集形成圆锥花序；花冠二唇形，青紫色、白色或玫瑰红色。

其他用途：料理、健康美容、香料植物。

熏衣草

拉丁名：*Lavandula angustifolia*

别名：法国熏衣草、香草　　**科属**：唇形科熏衣草属

原产地：原产于地中海地区。

多年生草本至亚灌木。成片栽植时，盛花期，一片蓝色的海洋，美丽、壮观，香气沁人心肺。适宜做盆栽、花坛、花境、芳草园及色块应用。花期6～8月。喜光，耐旱，耐寒，不耐高温，忌水涝。要求排水良好的土壤。病虫害少。播种、分株或扦插繁殖。种子发芽温度18～25℃；发芽天数20～30天；生长适宜温度10～28℃；播种到开花约110天。

形态特征：株高约30～60cm。丛生，多分枝。叶互生；银灰色，线形或线状披针形，叶缘反卷。轮伞花序叠成的穗状花序顶生；每轮6～10朵花，花冠下部筒状，上部唇形，上唇2裂，下唇3裂；花有蓝、深紫、粉红、白等色，常见的为紫蓝色。花、叶和茎上的绒毛基部均藏有油腺，轻轻碰触油腺即破裂而释出香味。

其他用途：可提炼芳香植物精油；花穗可制成香囊，还有驱虫功效；干花可用于皮肤美容，也可当花茶饮用。茎和叶都可入药，有健胃、发汗、止痛之功效，也可用于药膳。

薄荷

拉丁名：*Mentha arvensis*

别名：中国薄荷、香水薄荷、仁丹草、平叶留兰香　　科属：唇形科薄荷属

原产地：原产于我国南北各地。

多年生草本。全株具有芳香、清凉气味。药用及工业价值均高。是传统中药和现代医药业的优良原材料。疗效广泛、多样。花期7～9月。喜光，也耐阴，喜温暖气候，较耐高温，也耐寒。播种、扦插或分株繁殖。种子发芽温度18～22℃；发芽天数7～15天；生长适宜温度10～35℃；播种到开花约60天。播种期在春季或秋季。因种子非常细小，可与细砂混合进行播种。

形态特征：株高约30～60cm。茎直立，锐四棱形，多具分枝。叶对生；长圆状披针形至长圆形，先端急尖或锐尖，边缘在基部以上疏生粗大的牙齿状锯齿，两面常沿脉密生微柔毛。轮伞花序腋生，远离；花冠及萼筒宽钟形或漏斗状钟形，直伸；花冠淡紫色，冠檐4裂，上裂片顶端2裂，较大，其余3裂近等大。

其他用途：食用具芳香和调味的作用，可用于美容，或作花草茶。

胡椒薄荷

拉丁名：*Mentha* × *piperita*

别名：欧薄荷　　科属：唇形科薄荷属

原产地：原产于欧洲。

多年生草本。由绿薄荷（*Mentha spicata*）与水薄荷（*Mentha aquatica*）杂交而成。园林中可栽于花坛、花境、芳香园；也可家庭盆栽。花期7～10月。喜光，喜通风良好的环境，较耐高温，也耐低温。喜肥沃、排水良好的土壤。病虫害较少。播种、扦插或分株繁殖。种子发芽温度18～25℃；发芽天数10～15天；生长适宜温度10～40℃；播种到开花约80天。种子非常细小，播种时1：100与细砂土搅拌，种子表面不用覆土。

形态特征：株高约30～60cm。茎锐四棱形，直立，被茸毛。叶对生；长圆状披针形至披针形，顶端锐尖，叶面较平展，叶色鲜绿至暗绿，叶边锯齿深而锐；叶无柄或仅下部叶具短柄。轮伞花序在茎及分枝顶端聚集成密集的穗状花序，位于下方者稍远离；花萼筒状钟形，花冠淡紫色，极小。

其他用途：鲜薄荷叶可作为蔬菜食用。茎叶有薄荷芳香，在欧洲被广泛种植，用来泡茶、做调料、饮料添加剂。可除腥去膻，是食用牛肉必备调料。叶可驱避蚊蝇。

美国薄荷

拉丁名：*Monarda didyma*

别名：马薄荷、红花薄荷　　**科属**：唇形科美国薄荷属

原产地：原产于北美洲。

多年生草本。芳香而又开红花，花色浓艳，花期长，适合作花境或草本园花卉。花期5～7月。喜光，耐半阴。适宜生长在潮湿、肥沃的土壤中。播种繁殖。种子发芽温度18～25℃；发芽天数10～15天；生长适宜温度15～30℃；播种到开花约90天。

形态特征：株高约30～60cm。茎锐四棱形，具条纹，近无毛。叶片有芳香，卵形、三角形或卵状披针形，先端渐尖或长渐尖，边缘具不等大的锯齿，绿色带淡紫色。轮伞花序多花，在茎顶密集成头状花序；花朵小，为柔和的淡紫红色，苞片背面深紫色。

其他用途：药用及花草茶。

香荆芥

拉丁名：*Nepeta cataria*

别名：荆芥　　**科属**：唇形科荆芥属

原产地：原产于我国，主要分布于西部。

多年生草本。植株芳香，生命力强，管理粗放，可用于芳香园、花坛、花境或作盆栽。花期 7～9 月。喜光，耐半阴，喜冷凉、通风良好的环境。喜排水良好排的沙壤土或土质深厚、疏松的壤土。播种繁殖。种子发芽温度 20～25℃；发芽天数 6～9 天；生长适宜温度 20～35℃；播种到开花约 70 天。

形态特征：高 30～100cm，有香气。茎直立，四棱，上部多分枝；茎、叶有白色绒毛。叶对生；卵状至三角状心脏形。聚伞状花序下部的腋生，上部组成连续或间断的带分枝的顶生圆锥花序；花萼管状；花冠白色冠檐二唇形，下唇 3 裂，淡紫色。

其他用途：全株甜香，嫩叶可以食用、泡茶。中药做发汗剂。

紫叶酥

拉丁名：*Perilla frutescens*

别名：紫苏、荏、赤苏、白苏、苏子、香苏、回回苏

科属：唇形科紫苏属

原产地：原产于我国。亚洲温带至热带地区广布。

一年生草本。叶芳香，我国各地栽培极广，供药用和香料用。紫叶品种用于园林中花坛、花境的彩叶植物。本种植物变异极大。我国古书上称叶全缘的为白苏；叶两面紫色或面青背紫的为紫苏。现代植物学将这二者合并为1种。花期7～10月。适应性很强。对土壤要求不严，房前屋后、沟边地边，排水良好的肥沃土壤上均能栽培，生长良好。播种繁殖。种子发芽温度18～25℃；发芽天数5～8天；生长适宜温度15～35℃；播种到开花约80天。

形态特征：株高约50cm。植株具特异芳香。茎圆角四棱形，具紫色有关节的长柔毛。叶对生；叶片宽卵形或圆卵形，边缘具粗锯齿，两面紫色。总状花序长1.5～15cm，密被长柔毛；花小；花冠白色至紫色。

迷迭香

拉丁名：*Rosmarinus officinalis*

科属：唇形科迷迭香属

原产地：原产于地中海地区。

多年生草本至亚灌木。株丛茂密，生长缓慢，具芳香，可用于花坛及地被。花期6～9月。喜光，喜温暖气候，较耐旱。喜肥沃、排水良好的沙质土壤。播种或扦插繁殖。扦插繁殖较容易。播种时表面覆土不超过1cm即可。种子发芽温度20～25℃；发芽天数20～25天；生长适宜温度15～35℃；播种到开花约180天。

形态特征：丛生。叶常常在枝上丛生，具极短的柄或无柄；叶片线形。花很小，花冠密集；芳香；淡蓝色及紫蓝色。

其他用途：它在欧洲是一种极受人们追捧的植物，被广植于教堂的四周，教徒将它视为神圣的供品，称为"圣母玛利亚的玫瑰"。婚礼中常见新娘子以迷迭香作为配饰，向世人昭告她对爱情的忠贞不渝。叶有茶香，味辛辣、微苦，常被用于烹饪；也可用于花草茶。古代认为迷迭香能增强记忆，摆放在室内能净化空气。

芳香鼠尾草

拉丁名：*Salvia* × *superba*‘Mainacht’

别名：华丽鼠尾草‘蓝皇后’、超级鼠尾草、布劳阁林下鼠尾草

科属：唇形科鼠尾草属

原产地：为杂交品种，原种不详。

多年生草本。春夏开放，株形整齐，花期长，芳香，是很好的花坛植物；也适合大面积作地被植物栽培。花期 7～10 月。喜光，亦耐阴。喜排水良好的沙质土壤。种子发芽温度 18～25℃；发芽天数 10～20 天；生长适宜温度 15～30℃；播种到开花约 90 天。

形态特征：株高约 40cm。茎直立，上部有分枝。叶对生；卵形，先端渐尖，表面略皱褶，边缘具粗齿。总状花序顶生；花冠唇形；有蓝色、粉红色、紫红色品种。

其他用途：蜜源植物。

百里香

拉丁名： *Thymus mongolicus*
科属： 唇形科百里香属

原产地： 原产于非洲北部、欧洲南部及亚洲温带。我国西北及华北西部地区有分布。

多年生草本至亚灌木。植株具有香气和温和的辛味，栽培容易，园林中宜布置于岩石园、花坛、花境；适合盆栽。花期7～10月。喜光，能耐寒。喜排水良好的沙质土壤。播种或分株繁殖。种子发芽温度20～25℃；发芽天数8～12天；生长适宜温度20～35℃；播种到开花约90天。

形态特征： 株高约20cm。茎下部呈匍匐状丛生，上部直立，四棱形，多分枝。叶对生；卵圆形、狭长椭圆形或披针形，灰绿色。头状花序；花白色、粉红色或紫色。

其他用途： 茎叶有香味，可提炼精油，具有明显的消毒和杀菌作用，适于作香料、调味品或供药用。

香艾草

拉丁名：*Artemisia princeps*

别名：魁蒿、艾草、五月艾　　**科属**：菊科艾纳香属

原产地：原产于东亚的温带地区。我国除东北北部、西北北部以外的各地均有分布。

多年生草本。生长快，适应性强，种子发芽率高，花、茎及叶具有挥发性药香，叶片味道似柠檬，可应用于园林地被或护坡绿化；也可盆栽。花期6～9月。喜光，亦耐阴，耐寒，适应性广，易栽培。喜排水良好的沙质土壤。播种繁殖。种子发芽温度18～22℃；发芽天数8～12天；生长适宜温度15～35℃；播种到开花约90天。

形态特征：高60～100cm。茎直立，上部有分枝。叶银灰色，轮廓卵形或长卵形，一至二回羽状深裂，上面近无毛，下面除叶脉外密被灰白色绒毛。头状花序多数，在茎上部排列成较密的复总状；花小，花冠管状，黄色。

其他用途：为传统中药，具有祛风除湿、调经安胎的功效。常被用于制作花露水，具有防蚊虫叮咬的功效。欧洲人常用其叶片泡茶饮用，有益肠胃健康。

洋甘菊

拉丁名：*Chamaemelum nobile*

别名：罗马甘菊、果香菊、白花春黄菊　　科属：菊科果香菊属

原产地：原产于欧洲南部及非洲北部。

多年生草本。栽培容易，各部分散发着浓郁的苹果芳香，适合于花坛、花境或庭院栽培；也可盆栽观赏。含丰富的芳香物质，自古就被作为药用，具防腐、抗炎、镇静效果和改善食欲的作用；现代成为提炼美容护肤精油的主要植物之一。花期 5～10 月。喜光，耐半阴，喜温暖、湿润环境，较耐寒，在长江流域冬季基生叶常绿。喜疏松、肥沃、排水良好土壤。播种或根茎分株繁殖。种子发芽温度 20～25℃；发芽天数 7～15 天；生长适宜温度 15～35℃；播种到开花约 60 天。

形态特征：株高约 30～50cm。茎多分枝。全株被毛。叶互生；轮廓矩圆形，2～3 回羽状全裂，末回裂片细条形，顶端具尖头。头状花序顶生或腋生；边缘舌状花银白色；中央管状花黄色。

其他用途：花草茶、料理。

红花除虫菊

拉丁名：*Pyrethrum coccineum*

别名：除虫菊　　**科属**：菊科匹菊属

原产地：原产于高加索地区。

多年生草本。除虫菊作为天然杀虫剂使用已经有100多年的历史，是目前世界上唯一集约化栽培的杀虫药用植物；同时也作为观赏植物栽培，是盆栽和切花的好材料。花期5～10月。喜光，喜凉爽及通风环境。喜排水良好的沙质土壤。播种繁殖。种子发芽温度20～25℃；发芽天数8～20天；生长适宜温度15～35℃；播种到开花约80天。

形态特征：株高约30～60cm。茎直立，基部分枝，近无毛。全株银灰色。基生叶二回羽状全裂到深裂；茎生叶渐无叶柄。头状花序单生茎顶；总苞苞片边缘宽膜质，暗褐色；舌状花白、粉、紫红、洋红或暗红色；有时重瓣。

其他用途：花及叶片可入药或制成蚊香等。花朵中除虫菊酯含量很高。要适时采摘。花瓣开始萎缩、花蕊变黄时药力最高。本种杀虫力不及除虫菊（*Pyrethrum cinerariifolium*）。

观叶植物

- 观叶植物的叶片是植株最主要的观赏部位。
- 它们的叶片，具有绿色之外的各种美丽颜色，有些种类的叶片具有像花朵一样缤纷的色彩。
- 有些植物的叶片也是正常的绿色，但叶片的形态、或某些地方很有特色，具有很高的观赏价值。
- 禾本科植物在本书中放在观叶植物中介绍，更多时候，它们被称为观赏草。

地肤

拉丁名：*Kochia scoparia* var.*culta*

别名：扫帚苗、绿草　　**科属**：藜科地肤属

原产地：原产于亚洲中部、南部及欧洲南部。

一年生草本。株丛紧凑，呈圆球形、卵圆球形，嫩绿色；耐修剪，管理粗放。园林中可修剪成各种几何造型，用于花篱、花境；或数株丛植于花坛中央；也可盆栽点缀和装饰厅堂、会场。花期8～10月。喜光，喜温暖，不耐寒，极耐炎热，耐盐碱，耐干旱、耐瘠薄。对土壤要求不严。极易自播繁衍。播种繁殖。种子发芽温度15～25℃；发芽天数8～12天；生长适宜温度20～35℃；播种到观赏约50天。

形态特征：株高约50～80cm。茎直立，分枝多而细，具短柔毛。单叶互生；线形或条形，细密，绿色，秋后变暗红色。花小，不明显，无观赏价值。

其他用途：幼嫩茎可食用。

雁来红

拉丁名：*Amaranthus tricolor*

别名：三色苋、老来少　　**科属**：苋科苋属

原产地：原产于亚洲热带地区。

一年生草本。以观叶为主，入秋上部叶片变成鲜红，十分艳丽，可作花坛、花境或绿地色块应用，效果具佳；也可用于切花。同属品种还有雁来黄、三色雁来黄等。花期8～10月。喜光，耐旱，耐碱，不耐寒。喜肥沃、排水良好的沙质土壤，较耐碱。播种繁殖。能自播。种子发芽温度20～25℃；发芽天数6～10天；生长适宜温度20～35℃；播种到开花约70天。分枝性差，不宜摘心。

形态特征：株高约50～80cm。茎直立，少分枝。叶大，互生；菱状卵形至披针形；入秋后，其下半部叶转为深紫色，而顶部叶则变得猩红如染。花极小，穗状花序簇生于叶腋间。

羽衣甘蓝

拉丁名：*Brassica oleracea* var.*acephala* f.*tricolor*
别名：叶牡丹　　**科属**：十字花科甘蓝属

原产地：原产于地中海沿岸至亚洲西部。

一二年生草本。和食用甘蓝（*Brassica oleracea* var.*capitata*，卷心菜）同为甘蓝的变种。观赏部位为一年生莲座状丛生叶片，品种不同，叶色丰富多变，植株形如一朵盛开的牡丹。在长江流域地区冬季可露地越冬，观赏期长，为 11 月至翌年 3 月。花小，不是其主要观赏部位。常见与其他盆花组成各种美丽的图案，用于布置花坛；亦可盆栽观赏。喜光，耐酸碱，耐寒，喜肥沃土壤。播种繁殖。种子发芽温度 18～25℃；发芽天数 10～15 天；生长适宜温度 15～35℃；播种到开花约 90 天。

形态特征：株高约 20cm。叶片肥厚、肉质，栽培后第一年全部为基生叶，倒卵形，边缘波状皱褶，被有蜡粉；有皱叶、不皱叶及深裂叶品种；叶色有各种绿、白、淡黄、肉色、玫瑰红、紫红等或兼色。第二年春季开花，总状花序从中央伸出，长达 30～40cm，茎生叶长圆形；花小，花瓣 4，浅黄色。

其他用途：可食用。目前欧美及日本有将部分品种的叶片用于鲜切花。

含羞草

拉丁名：*Mimosa pudica*

别名：知羞草、喝呼草、怕羞草　　科属：豆科含羞草属

原产地：原产于南美洲热带地区。

多年生草本。小叶对外界刺激极为敏感，轻触即闭合，5～8 分钟后才慢慢复原。叶秀花美，为奇特的观赏植物，可地栽于花坛、庭院墙角；也可盆栽置于案头观赏。花期 7～10 月。喜光，亦耐半阴，喜温暖、湿润气候，不耐寒。喜肥沃、疏松的沙质土壤。北方盆栽，冬季应在 10℃以上室内越冬。夏季易缺水，应早晚各浇 1 次。播种繁殖。种子发芽温度 18～22℃；发芽天数 8～12 天；生长适宜温度 18～35℃；播种到开花约 90 天。

形态特征：株高约 20～60cm。2 回羽状复叶，羽片 2～4 个，掌状排列，小叶 14～48 个，长圆形，总叶柄长 3～4cm。头状花序 2～3 个生于叶腋；花萼钟状，花小，瓣 4 裂，深红色；花丝长，粉红色，是花的主要观赏部分。

跳舞草

拉丁名：*Codariocalyx motorius*

别名：多情草、无风自动草　　**科属**：豆科跳舞草属

原产地：原产于亚洲南部。我国广东、广西、四川、湖北、贵州等地有分布。

多年生灌木。为奇特、稀有的观赏植物。叶柄上长出3片叶时，就可开始观赏。当气温达24℃以上时，并有70分贝音乐时，2枚小叶便会绕中间大叶“自行起舞”，时慢时快，你来我往，2叶共旋转一周，便弹回原处，再复转动，似蜻蜓起舞。花期8～10月。喜光，耐高温，喜疏松、富含腐质物的土壤。播种或扦插繁殖。种子发芽温度18～22℃；发芽天数30～45天；生长适宜温度20～38℃；播种到观赏约80天。

形态特征：盆栽株高约50cm；野外可达1～2m。复叶互生；每叶柄生小叶3枚，长5～10cm，小叶长椭圆形或披针形，中间1枚较大。蝶形花，紫红色。

幸运草

拉丁名：*Oxalis triangularis* ‘Purpurea’
别名：紫叶酢浆草、紫叶山酢浆草、三角叶酢浆草
科属：酢浆草科酢浆草属

原产地：原产于南非。

多年生草本。叶常年深紫色，独特、美丽，为布置花坛组图案的好材料，在园林中作阴湿地的地被植物十分适宜；也可盆栽观赏。花期8～10月。喜半阴环境，怕烈日曝晒，喜温暖、湿润，耐干旱，不耐寒，冬季温度不得低于8℃。宜肥沃、疏松、排水良好的沙质土壤。播种或分球茎繁殖。分球茎繁殖时把种球的尖部朝上，表面覆土1cm。种子发芽温度18～25℃；发芽天数10～15天；生长适宜温度18～35℃。播种到结果约70天。

形态特征：株高约15～20cm。具球形根状茎。叶基生，有长柄，掌状复叶具3小叶，小叶卵状倒三角形，紫红色。花粉红色，5瓣。

四叶幸运草

拉丁名：*Oxalis tetraphylla*

别名：四叶酢浆草　　**科属**：酢浆草科酢浆草属

原产地：原产于欧洲。

多年生草本。4 小叶，叶面有美丽的花纹。传说能找到 4 片叶子的三叶草就能找到幸福，因此四叶幸运草被作为幸运的象征。适宜盆栽，也可用于花境。花期 5～8 月。喜阴凉，性耐寒，忌炎热。在中性或酸性土中均能生长良好。喜肥沃、排水良好的沙质壤土。生命力强。播种或分球茎繁殖。球茎种植时表面覆土约 2cm。种子发芽温度 15～20℃；发芽天数 8～12 天；生长适宜温度 15～30℃。播种到开花约 60 天。

形态特征：株高约 20cm。具有根状茎。叶基生，掌状复叶具 4 小叶，小叶大，截状扇形，叶面绿色有淡紫褐色条斑。花粉红色，5 瓣。

银边翠

拉丁名：*Euphorbia marginata*

别名：高山积雪、象牙白　　**科属**：大戟科大戟属

原产地：原产于北美洲。

一年生草本。夏季顶叶呈银白色，与下部绿叶相映，尤如青山积雪。为良好的花坛背景材料，还可做插花配叶。花期6～9月。喜光，喜温暖气候，不耐寒，耐干旱。喜肥沃而排水良好的沙质土壤。播种繁殖。种子发芽温度20～25℃；发芽天数8～15天；生长适宜温度20～35℃；播种到观赏约60天。

形态特征：株高约40～60cm。茎直立，分枝多，具柔毛。植株具乳汁。叶长圆形至矩圆状披针形，先端渐尖，无叶柄；下部叶片互生，顶端叶片轮生；入夏后，叶片边缘或全部变为银白色。花小，3朵簇生，具白色瓣状附属物，着生于上部分枝的叶腋处。

彩叶草

拉丁名：*Coleus seutellarioides*‘Blumei’

别名：洋紫苏、锦紫苏、五彩苏　　**科属**：唇形科锦紫苏（鞘蕊花）属

原产地：原产于印度尼西亚爪哇岛。

多年生草本，北方常作一年生栽培。花小，叶片为主要观赏部位，叶片根据品种不同，色彩丰富，光线充足能使叶色鲜艳。繁殖容易，为应用较广的观叶花卉。常用于配置花坛图案，也可作为花境的配色使用。花期7～9月。喜光，喜温暖，耐旱，不耐寒，冬季温度不能低于10℃。性强健，不择土壤。播种或扦插繁殖。种子发芽温度20～25℃；发芽天数8～12天；生长适宜温度15～35℃；播种到开花约70天。

形态特征：株高约30～60cm。茎直立，四棱，绿色或紫色。叶对生；叶片广卵形，先端尖，边缘有锯齿。轮伞花序，每轮2花；白色、粉红色或紫色。

银叶菊

拉丁名：*Senecio cineraria*

别名：雪叶菊　　**科属**：菊科千里光属

原产地：原产于欧洲南部。

多年生草本。银白色的叶片远看像一片白云，与其他色彩的纯色花卉配置栽植，效果极佳，是重要的花坛观叶植物。观赏时间长，北方可从4月持续到11月底。花期8～10月。喜光，喜凉爽、湿润的气候，不耐酷暑，较耐寒，在长江流域能露地越冬，高温、高湿时易死亡。喜肥沃、疏松的沙质壤土或富含有机质的壤土。播种或扦插繁殖。种子发芽温度18～25℃；发芽天数7～10天；生长适宜温度15～30℃；播种到开花约90天。

形态特征：株高约50～80cm。植株多分枝。叶轮廓匙形或卵形，1～2回羽状全裂，正背面均被银白色柔毛。头状花序在枝顶成伞房状或聚伞状；花头较小，深黄色。

芨芨草

拉丁名：*Achnatherum splendens*

别名：积机草、席萁草　　**科属**：禾本科芨芨草属

原产地：亚洲北部广泛分布。我国原产于东北、西北及华北北部。

多年生草本。是西北地区戈壁沙漠边缘常见的植物。叶细，丛生，高大，花序开展，是很好的观赏禾草植物，可作花境配置。或栽于庭院角隅以增加野趣。花、果期6～9月。喜光，耐旱、耐寒，耐盐碱。对土壤要求不严。播种或分株繁殖。种子发芽温度18～25℃；发芽天数10～15天；生长适宜温度15～30℃；播种到开花约80天。

形态特征：秆直立，坚硬，径3～5mm，高80～150cm。秆具2～3节，节多聚于基部。叶片纵卷，质坚韧，长30～60cm，宽5～6mm。圆锥花序长30～60cm，开花时呈金字塔形开展，分枝细弱，平展斜向上升；小穗灰绿色，基部带紫色。

花叶芦竹

拉丁名：*Arundo donax* var. *versicolor*

别名：斑叶芦竹、花叶芦荻　　**科属**：禾本科芦竹属

原产地：原种产于我国长江以南各地。亚洲、非洲、大洋洲热带地区广布。

多年生草本。植株高大，叶色美丽，适合作花境背景，也可盆栽用于庭院观赏。喜光，耐湿，耐高温，较耐寒，生长强健。喜适度湿润、排水良好、富含腐殖质的沙壤土。分株或扦插繁殖。分株于春、秋季进行，剪去地上大部分叶，留 20cm 高，以 3～4 株为 1 丛，栽于 1 穴。扦插繁殖于 5 月进行，将茎秆剪成 20～30cm 长的小段，每段有 2 个节间，插于湿润的沙土中，约 30 天生根。

形态特征：株高约 100～200cm。丛生，茎直立，节间短，节上常有分枝。叶互生，渐尖状剑形，弯垂；春季绿色，具黄白色条纹；夏季新叶全部转为绿色。圆锥花序顶生，花期 10 月。冬季地上枝叶全部枯萎。

薏苡

拉丁名：*Coix lacryma-jobi*

别名：薏苡　　**科属**：禾本科薏苡属

原产地：原产于亚洲热带。

一年或多年生草本。果穗奇特，果实位于成熟时变得很硬实的总苞内，总苞像小珠子一样，可供观赏。花期8～10月。喜光，喜温暖、潮湿。喜肥沃的土壤。播种繁殖。种子发芽温度18～25℃；发芽天数10～15天；生长适宜温度18～35℃；播种到开花约90天。

形态特征：株高约40～80cm。秆直立丛生。叶大，宽剑形，有长尾。总状花序腋生成束，雌雄同株；雄小穗在花序上部；雌小穗位于花序之下部，外面包以骨质念珠状之总苞。颖果长约5mm。富含淀粉、脂肪。

其他用途：坚硬的总苞可作串珠或工艺品；种子供药用、食用、酿酒。种仁、根、叶均入药，有不同疗效。薏苡仁是营养品，且美容价值较高。

狼尾草

拉丁名：*Pennisetum villosum*

别名：大狗尾草、羽绒狼尾草、长柔毛狼尾草　　**科属**：禾本科狼尾草属

原产地：原产于非洲东北部山区。

多年生草本。叶片春季为淡绿色，夏季为深绿色，秋季为金黄色；穗状圆锥花序形似狼尾；初期为奶白色，成熟后通常呈黑紫色；可形成具有鲜明特色的四季景观。既可单株种植起点缀作用，又可成片种植形成狼尾草花坛，还可成排种植形成优美的边界屏障。7 月中旬开始开花，花期可持续至 11 月底。喜光，亦耐半阴，耐旱，耐湿，且抗寒性强。对土壤适应性较强，耐干旱、贫瘠土壤。生性强健，容易栽培，耐粗放管理，少有病虫害。播种或分株繁殖。种子发芽温度 18～25℃；发芽天数 10～15 天；生长适宜温度 15～30℃；播种到开花约 90 天。

形态特征：株高约 30～100cm。茎秆丛生。叶片扁平，线形，长 15～50cm，宽 2～6mm，先端长渐尖，绿色。穗状圆锥花序；小穗有 2 小花，具短柄或无柄，单生或 2～3 个簇生，每簇下围有总苞状刚毛，与小穗一起脱落。

文竹

拉丁名：*Asparagus setaceus*

别名：云竹　　**科属**：百合科天门冬属

原产地：原产于非洲南部。

多年生草质藤本。叶退化成鳞片状。枝干有节似竹，叶状分枝如羽毛状纤细秀丽，常年翠绿，如翠云层层，姿态文雅潇洒，深受人们喜爱，是著名的室内观叶花卉。也可用于庭院篱笆墙。花期6～7月。耐阴，不宜阳光直晒，喜温暖、湿润。喜疏松、排水良好、富含腐殖质的沙质壤土。越冬温度为5℃以上。播种或扦插繁殖。种子发芽温度18～22℃；发芽天数30～40天；生长适宜温度20～30℃；播种到观赏约60天。

形态特征：叶退化成鳞片状，细如针。枝干有节，枝条分延长枝和叶状分枝2种。延长枝顶端能攀附他物不断延长；多回分裂的叶状分枝如纤细、柔软的羽毛状，层层平展。花小，白色，枝端顶生。

球根花卉

◎球根花卉是球茎类、块茎类、鳞茎类、根茎类、块根类花卉的统称。它们在地下具有能储存营养的球状或块状的根或茎，它们都是多年生的种类。

◎地下茎呈球形或扁球形的称球茎类。球茎上有明显的环状茎节，外被膜质鞘，顶芽发达，细根生于球茎基部。地下茎呈块状，外形不整齐的称块茎类。块茎类表面无环状节痕，根系自块茎底部发生，顶端有几个发芽点。

◎地下茎由肥厚多肉的叶变形体即鳞片抱合而成，鳞片生于茎盘上的称为鳞茎类。鳞茎类又可以分为有皮鳞茎和无皮鳞茎两类。

◎地下茎肥大呈根状，上面具有明显的节和节间的称根茎类。地下主根肥大呈块状，新根伸长后下部又生成多数新块根的称块根类。

银莲花

拉丁名：*Anemone coronaria*
别名：冠状银莲花、罂粟秋牡丹　　**科属**：毛茛科银莲花属

原产地：原产于地中海沿岸。

多年生草本。植株低矮、整齐，花大，色艳，适宜用于花坛、花境、配置小庭园；或作盆花，也可用于切花。喜光，耐半阴，喜凉爽、湿润、通风，较耐寒，忌高温、闷热。喜富含腐殖质、排水良好的壤土。花期5～8月。播种或球茎繁殖。球茎种植时表面覆土约2cm。种子发芽温度18～20℃；发芽天数10～15天；生长适宜温度15～30℃；播种到开花约70天。

形态特征：株高约25～40cm。主茎短，直立、丛生。地下具褐色圆柱形根状茎。叶多基生，掌状3裂，裂片2～3回羽裂。花单生；花大，径约3.5～6cm，浅杯状；花被5数，有半重瓣与重瓣变种；萼片花瓣状；花色为红、粉红、橙、黄、白、蓝及紫等色或复色；总苞轮生无柄，多在花下着生，区别于花毛茛。

仙客来

拉丁名：*Cyclamen persicum*

别名：萝卜海棠、兔耳花、兔子花　　**科属**：报春花科仙客来属

原产地：原产于地中海沿岸。

多年生草本。植株清秀，花多、色美，是冬季的高档盆花，在欧美也是圣诞节馈赠亲朋的重要花卉；也可露地用于花境。花期12月至翌年5月。冬、春喜光，喜温暖，夏季喜半阴、凉爽的环境，喜湿润，但要求通风环境和透气土壤，否则易引起烂根。喜肥沃、排水良好的微酸性壤土。花芽分化的适温为15～20℃；开花期间温度不得低于10℃，若温度过低，则花色暗淡，且易凋落；温度高于28℃时，则植株开始休眠。种子及球茎繁殖，晚夏或秋季播种，种植时种子表面覆土约1cm。种子发芽温度15～20℃；发芽天数10～15天；生长适宜温度15～26℃；播种到开花约180天。

形态特征：株高30cm。块状茎扁圆球形或球形，肉质。叶片由块茎顶部生出，心形、卵形或肾形，叶缘有细锯齿；叶面绿色，具有白色或灰色晕斑。花单生，每一片叶的叶腋生出一花莛；花朵下垂；萼片5，宿存；花冠筒短，裂片5，向上反卷，犹如兔耳；有白、粉、玫红、大红、紫红等色；芳香。

大丽花

拉丁名：*Dahlia pinnata*

别名：大理花、地瓜花、西番莲　　科属：菊科大丽花属

原产地：原产于墨西哥高原。

多年生草本。生长快，花期长，花量多，花大型，色彩丰富，适宜花坛、花径，庭前丛植或用于制作切花；矮生品种可盆栽。喜光，喜温暖、凉爽环境，不耐寒，花期气温在20℃左右，生长最佳；喜湿，忌水涝；喜肥，忌过度。喜肥沃、疏松、排水良好的沙质壤土。花期7～10月。播种、扦插或分根繁殖。种植时种子表面覆土约1cm。种子发芽温度18～25℃；发芽天数8～12天；生长适宜温度20～35℃；播种到开花约100天。适宜盆花、花境、花坛及切花。

形态特征：株高30～100cm。具巨大棒状块根。茎直立，多分枝。叶互生，1～3回羽状全裂，裂片近卵形，下面灰绿色，无毛；上部叶有时不分裂。头状花序顶生；花大，直径可达30多厘米；花形有菊形、莲形、芍药形、蟹爪形等；花色有大红、黄、橙、粉、白、紫红、绿等单色、复色。

其他用途：块根含有菊糖，医药上同葡萄糖相似；全株可入药，有清热解毒的功效。

非洲菊

拉丁名：*Gerbera jamesonii*

别名：扶郎花、太阳花　　**科属**：菊科大丁草属

原产地：原产于南非。

多年生草本。由于其花朵适中，花莛长而较粗，通常用于切花，为世界撍拇笄谢＂之一。也可盆栽或用于花坛。喜光，喜冬暖夏凉、空气流通的环境，忌炎热；稍耐寒，可忍受短期的0℃低温。忌黏重土壤，喜肥沃、疏松，排水良好的沙质壤土。播种或分株繁殖。种植时种子表面覆土约1cm。种子发芽温度15～20℃；发芽天数10～15天；生长适宜温度20～25℃；播种到开花约120天。

形态特征：丛生，株高30～50cm。全株具细毛。多数叶为基生，叶柄长，叶片长圆状匙形，羽状浅裂或深裂。头状花序单生；花径10～12cm；边缘舌状花1～多轮，花色有大红、橙红、黄、白、粉、玫红、紫红及复色等；中央为管状花。

大花葱

拉丁名：*Allium giganteum*

别名：巨葱、高葱、硕葱　　**科属**：百合（或石蒜）科葱属

原产地：原产于亚洲中部。

多年生草本。花色艳丽，花形独特，管理粗放，病虫害少，适宜切花、花境、岩石园或草坪旁装饰和美化的品种。喜凉爽、半阴，耐寒，忌积水。喜肥沃、疏松、排水良好、富含腐殖质的沙质壤土。花期 4～6 月。播种或分株繁殖。播种苗需栽培 4～5 年才能开花。种植时种子表面覆土约 1cm。种子发芽温度 18～25℃；发芽天数 8～12 天；生长适宜温度 15～25℃。开花球茎种植到开花约 60 天。

形态特征：株高 80～100cm。鳞茎具白色膜质外皮。叶基生，宽带形；伞形花序径约 15 cm，小花多达 50 朵，红色或紫红色，小花花被片 6，子房上位。花期持久。

瑕夷葱

拉丁名：*Allium schoenoprasum*

别名：北葱、细香葱　　**科属**：百合（或石蒜）科葱属

原产地：原产于北半球温带山地，我国新疆阿尔泰山区有分布。

多年生草本。花多，花色艳丽，花形独特，花莛长，管理粗放，病虫害少，适宜花坛、花境、岩石园栽培；也可作切花。花果期7～9月。喜光，耐半阴，喜凉爽，耐寒。喜肥沃、疏松、排水良好的沙质壤土，忌积水。播种或分株繁殖。播种苗次年开花。种子发芽温度18～25℃；发芽天数8～12天；生长适宜温度15～25℃。种植时种子表面覆土约1cm。

形态特征：株高40～60cm。鳞茎卵状圆柱形，常数枚聚生，纸质外皮灰褐色。叶基生，1～2枚，光滑，管状，中空。伞形花序近球状；总苞紫红色，宿存；小花梗短于花被片；小花花被片6，子房上位，花紫红色至淡红色，具光泽。

金娃娃萱草

拉丁名：*Hemerocallis fulva* 'Stella Deoro'

别名：大花萱草　　**科属**：百合科萱草属

原产地：原种产于我国。

多年生草本。为丛萱草多倍体杂交种中选出的矮型品种。适应城市环境能力强，病虫害少，花期特别长，适宜花境、花坛栽培或作地被植物。花期5～10月。喜光，耐半阴，耐旱，耐寒，地下茎能耐－20℃低温。对土壤适应性强，在中性、偏碱性土壤中均能生长良好，但以深厚、肥沃、排水良好的沙质壤土为好。组织培养或分株繁殖。分株可在休眠期进行，将3～4年株掘起、分拆，每丛带2～3个芽，重新栽植，当年可开花。

形态特征：株高约30cm。根状茎短，肉质根中下部常纺锤状膨大。叶基生，二列，带状。花莛从叶丛中央抽出，顶端呈假二歧或总状的圆锥花序；花大，径约6cm；花被片6；花亮黄色；雄蕊6，着生于花被管上端。

风信子

拉丁名：*Hyacinthus orientalis*
别名：西洋水仙、五色水仙、时样锦
科属：百合（或风信子，或天门冬）科风信子属

原产地：原产于地中海东部沿岸至小亚细亚半岛。

多年生草本。植株低矮整齐，花序端庄，花色绚丽，是著名球根花卉之一，适于布置花坛、花境，也可作切花、盆栽或水养观赏。花期3～5月。喜光，耐半阴，喜冬季温暖、湿润，夏季凉爽、稍干燥的环境，植株入夏休眠，鳞茎可耐受短时霜冻。喜肥，宜肥沃、排水良好的沙壤土，忌过湿或黏重。植株6月上旬枯萎，早春萌发新芽。鳞茎在2～6℃低温时根系生长最好，芽萌动适温为5～10℃，生长适温为5～12℃，现蕾开花以15～18℃最有利。鳞茎的贮藏温度为20～28℃，最适为25℃。

形态特征：株高约30cm。鳞茎卵形，有膜质外皮。叶4～8枚，狭披针形，肉质，上有凹沟，有光泽。花茎肉质，略高于叶，总状花序顶生，花5～20朵，漏斗形，花被裂片，长圆形、反卷，花有紫、白、红、黄、粉、蓝等色，有重瓣品种。

其他用途：花可提取芳香油。

百合

拉丁名：*Lilium* spp.
科属：百合科百合属

原产地：主产于我国，北半球暖温带地区广布。

多年生草本。百合是对百合属多个种的园艺品种的统称。百合花大，姿态幽雅，色彩或艳丽，或素洁，栽后可多年开花，一年内可多次开花，最适宜作切花，也可用于花境、花坛；矮生品种可作盆花。花期6～8月。喜光，喜温暖、湿润环境，较耐寒，怕高温和湿度大。喜排水良好、富含腐殖质的沙质壤土。鳞茎繁殖。种植时鳞茎表面覆土约2～3cm。发芽温度15～20℃；发芽天数10～15天；生长适宜温度15～20℃；开花鳞茎球种植到开花约70天。播种或分珠芽繁殖的需栽培多年才可开花。

形态特征：株高30～100cm。地下鳞茎有多枚肉质鳞片抱合成球形。茎直立，不分枝。单叶，互生，狭线形。花单生、簇生或呈总状花序生于茎顶；花大，花冠筒长，先端6裂，无萼片；花色有白、黄、粉、红、橙红等，有的具紫色或黑色斑点。

其他用途：鳞茎富含淀粉，部分品种可作为蔬菜食用。药用有润肺止咳、清心安神的作用。

郁金香

拉丁名：*Tulipa gesneriana*
别名：洋荷花　**科属**：百合科郁金香属

原产地：原产于地中海南北沿岸、中亚细亚及我国西北部。

多年生草本。园艺栽培品种繁多，花大，花色丰富、艳丽，有光泽，植株低矮，开花整齐，花形奇特，适宜作花境、花坛及切花；也可盆栽观赏。花期3～5月。喜光，属长日照花卉，喜避风，冬季温暖、湿润，夏季凉爽、干燥的气候；耐寒性强，8℃以上即可正常生长，一般能耐－14℃低温，在严寒地区如有厚雪覆盖，鳞茎就可在露地越冬；28℃以上植株渐枯萎，以鳞茎休眠度夏。喜疏松、肥沃、排水良好的微酸性沙质壤土。忌碱土和连作。开花后，球茎需重新培育，连年栽培，开花退化。球茎繁殖。成龄鳞茎必须经过低温春化后，栽培才能开花。种植时鳞茎表面覆土约1cm。发芽温度10～20℃；发芽天数7～10天；生长适宜温度15～

20℃；开花鳞茎球种植到开花约 50 天。

形态特征：株高约 30cm。鳞茎扁圆锥形或扁卵圆形。叶 3～5 枚，条状披针形至卵状披针形。花单朵顶生，花瓣 6，花冠多合拢呈杯状；花色有白、粉红、洋红、紫、褐、黄、橙等，有重瓣及复色品种。

朱顶红

拉丁名：*Hippeastrum rutilum*

别名：柱顶红、朱顶兰、对红　　**科属**：石蒜科朱顶红属

原产地：原产于秘鲁和巴西。

多年生草本。花色浓艳，花朵硕大肥厚，水肥管理得当的，种植后可连年开花，最适于盆栽观赏及切花，也可用于花境。花期 2～5 月。喜半阴，喜温暖、湿润气候，忌酷热，怕水涝。冬季休眠期，要求冷凉，以 10～12℃为宜，不得低于 5℃。喜富含腐殖质、排水良好的沙壤土。鳞茎繁殖为主。种植时鳞茎表面露土约 2cm。发芽温度 15～20℃；发芽天数 10～15 天；生长适宜温度 18～25℃；开花鳞茎球种植到开花约 80 天。

形态特征：株高约 30cm。鳞茎肥大，近球形。叶带形，6～8 枚，多于花后抽出。花梗中空，被有白粉，顶端着花 2～6 朵；花喇叭形，花被片 6，有大红、玫红、橙红、淡红、白、蓝紫、绿、粉中带白、红中带黄等色。

水仙

拉丁名：*Narcissus tazetta* var. *chinensis*
别名：凌波仙子　　**科属**：石蒜科水仙属

原产地：原产于中欧、地中海沿岸地区。

多年生草本。在我国已有千年以上栽培历史，并形成特有的水养品种。其花洁白、素雅，花香浓郁，亭亭玉立，且叶姿秀美，花期1～3月，是春节期间家庭中必养的传统花卉。喜光，喜温暖。水养的水仙要放在阳光充足处，温度在15℃以下，这样才可以使其叶片宽厚、挺拔，叶色鲜绿，花香扑鼻。光照不充足时，花莛抽出，但不能开放；夜间温度过高，叶片徒长，植株倒伏。水仙鳞茎水养时，发芽天数10～15天；生长适宜温度10～15℃；水养到开花约60天。开过花的鳞茎来年再水养不会再开花，需要重新分球土养育壮。鳞茎培育以疏松、肥沃、土层深厚的冲积沙壤土为最宜，pH5～7.5均宜生长。

形态特征：株高约30cm。鳞茎卵状至广卵状球形。叶带状，狭长。花葶自叶丛中抽出；伞房花序着花4～6朵，多者达10余朵；花瓣6，白色，芳香。

洋水仙

拉丁名：*Narcissus pseudonarcissus*

别名：黄水仙、喇叭水仙　　**科属**：石蒜科水仙属

原产地：原产于地中海沿岸。

多年生草本。适合镶嵌在假山石缝中，或片植在疏林下、花坛边缘；也可用于切花和盆栽。花期1～3月。喜半阴、冷凉的气候，忌高温、多湿。喜富含有机质、微酸性的沙质壤土。多采用球茎繁殖。通常视种植盆的大小采用丛植的形式每盆种3～5个种球，球根必须用泥土完全覆盖。栽后移至半阴处，土壤保持湿润，当叶芽伸出土面后，将盆移至光照约为70%～80%处摆放。种球发芽天数8～12天；生长适宜温度10～20℃；栽种到开花约50天。洋水仙的球根没有水仙那么肥大，经过春化的有花芽球根，还必须种植在肥沃的土壤里才能开花。花后，同样必须重新培育种球。

形态特征：株高约30cm。鳞茎卵圆形，由多数肉质鳞片组成，外皮干膜状，黄褐色或褐色。叶4～6枚丛生，直立向上，宽带形，钝头，灰绿色，具白粉。花莛高20～30cm；花大，径可达10cm；花瓣6，黄色或淡黄色；副花冠黄色，喇叭状，边缘呈不规则齿牙状且有皱褶；稍有香味。

葱兰

拉丁名：*Zephyranthes candida*

别名：葱莲、红花葱兰、韭菜兰、花韭　　**科属**：石蒜科葱莲属

原产地：原产于墨西哥。

多年生草本。植株低矮，花朵洁白，花期长，耐阴性好，最适宜成片植于林缘或疏林林下作地被植物，也可用于花境、花坛；盆栽效果好。花期4～8月。喜半阴、凉爽环境。喜肥沃土壤。繁殖以分株和播种为主，也可鳞茎繁殖。种植时鳞茎表面覆土约2cm。发芽温度15～20℃；发芽天数10～15天；生长适宜温度15～30℃；开花鳞茎球种植到开花约50天。环境适宜时可自繁。

形态特征：株高约20cm。鳞茎卵形，有外皮，常数枚集生，有明显的长颈。叶2～4枚基生，线形，扁筒状，基部抱茎。花莛中空，自叶丛中抽出；花单朵顶生，径4～5cm；花瓣6，椭圆形，顶端尖；白色。

韭兰

拉丁名：*Zephyranthes grandiflora*

别名：韭莲、韭菜兰、花韭　　科属：石蒜科葱莲属

原产地：原产于南美洲。

多年生草本。花期长，花色美，生性强健，非常好种，适宜花境、花坛；也可盆栽。花期 6～9 月。喜光，喜温暖，较耐寒，耐高温，也耐旱。喜排水良好、富含腐殖质的沙质壤土。分株法或鳞茎栽植繁殖。种植时鳞茎表面覆土约 2cm。 发芽温度 15～20℃；发芽天数 7～10 天；生长适宜温度 18～25℃；开花鳞茎球种植到开花约 60 天。在环境适宜地区可自繁。

葱莲属在国外有很多种和品种，花色也很丰富。我国常见的仅葱兰和本种。

形态特征：株高约 20cm。鳞茎卵形。叶片条形，似韭菜，较葱兰稍宽，基部抱茎。花莛自叶丛中抽出；花较大，径 8～10cm；花瓣多 6 枚，也有 8 枚的；粉红色。

香雪兰

拉丁名：*Freesia refracta*

别名：小苍兰、小菖兰　　**科属**：鸢尾科香雪兰属

原产地：原产于非洲南部。

多年生草本。花芳香，花莛细长，单枝花期长，最适合作切花栽培；也可用于花坛、花境或盆栽。花期2～5月。喜光，喜凉爽、湿润环境，耐寒性较差。适合在疏松、肥沃的沙壤土中生长。播种或分植球茎繁殖。多于秋季室内盆播，种子发芽温度10～15℃；发芽天数12～15天；生长适宜温度15～20℃；越冬最低温为3～5℃。实生苗约需3～4年才能开花。成熟鳞茎花芽分化要求8～13℃的低温，花芽发育期适宜温度为13～18℃。球茎种植时表面覆土不超过1cm即可；发芽天数12～15天；开花鳞茎球种植到开花约50天。花谢后照常管理，直至入夏叶片枯萎，将球茎挖出，25℃储藏3个月，至秋季再次种植，可如此反复种植多年。

形态特征：株高30cm。地下球茎鳞茎状，卵圆或圆锥形，有鳞皮。叶基生，6～10枚，呈线状剑形排列。顶生穗状花序，花莛细长而稍有扭曲，每花序着花约5～7朵，多数偏生，循序开放；花狭漏斗形，有细长花筒；有乳白、鲜黄、黄绿、红、粉、蓝、紫、紫红以及复色等；有芳香。

剑兰

拉丁名：*Gladiolus gandavensis*

别名：十样锦、唐菖蒲　　**科属**：鸢尾科唐菖蒲属

原产地：原产于南非。

多年生草本。花茎高，单枝花期长，花色丰富，为世界著名切花。也可植于花境、花坛。花期 7～9 月。喜光，长日照花卉，夏季喜凉爽气候，不耐炎热，忌寒冻。喜肥沃、深厚、排水良好的沙质土壤，不宜在黏重土壤及有水涝处栽种。球茎繁殖。种植时鳞茎表面覆土约 2cm。发芽温度 15～20℃；发芽天数 7～10 天；生长适宜温度 20～25℃；开花鳞茎球种植到开花约 80 天。

形态特征：株高 60～100cm。球茎扁球形。叶基生，剑形，2 列，呈抱合状，灰绿色。花茎高出叶，着花 8～24 朵，花大形，左右对称，自下而上开放；花冠呈不规则漏斗形；花色有红、黄、白、紫、蓝等深浅不同的单色或复色。

其他用途：球茎可入药，有清热、解毒功效。

彩色马蹄莲

拉丁名：*Zantedeschia* spp.
别名：慈菇花、水芋马、观音莲
科属：天南星科马蹄莲属

原产地：原产于非洲南部。

多年生草本。花莛粗壮，单枝花期长，适宜作切花；耐半阴，在华南地区可用于林下地被或花境；也可盆栽。花期 1～3 月。开花期间需要充足的光照；夏季避免阳光直晒，喜温暖，不耐寒，不耐高温，喜潮湿，不耐干旱。喜排水良好的沙质壤土。种子约花后 1 年成熟，故多采用球茎繁殖。种植时球茎表面覆土约 2cm。发芽温度 15～20℃；发芽天数 10～20 天；生长适宜温度 15～25℃；开花鳞茎球种植到开花约 70 天。实生苗培育 1～2 年也能开花。长江流域及以北地区冬季休眠；华南地区四季长绿。

形态特征：株高 50～80cm。肉质块茎肥大。叶基生，具粗壮长柄；叶片箭形、长披针形、卵状心形；绿色，有时有白斑点。全缘，亮绿色。花莛粗壮，高出叶丛；肉穗花序鲜黄色，直立于佛焰苞中央；佛焰苞似马蹄状，有白色、黄色、粉红色、红色、紫色等。

大花美人蕉

拉丁名：*Canna generalis*
别名：兰蕉、红艳蕉
科属：美人蕉科美人蕉属

原产地：原产于亚洲及美洲热带地区。

多年生草本。植株姿态优美，叶片大而浓绿，花大，花期长，是树木和草坪之间的优良过渡材料。常用于人行道旁行植或庭院中丛植；也可用于花坛、花境。花期北方6～10月；南方全年。喜光，喜温暖，较耐寒，喜湿润，忌干燥。要求深厚、肥沃、排水良好的土壤。繁殖采用播种或分植球茎。球茎种植时表面覆土不超过2cm即可，发芽温度15～20℃；发芽天数13～16天；生长适宜温度20～25℃；种植到开花约100天。长江流域以南，露地稍加覆盖就可安全越冬；长江以北，需掘起根茎，入室越冬。播种繁殖，4～5月份将种子坚硬的种皮用利器割口，温水浸种1昼夜后露地播种，播后2～3周出芽，长出2～3片叶时移栽1次，当年或翌年即可开花。

形态特征：株高约50～150cm。根茎肥大。地上茎肉质，不分枝。叶互生，宽大，长椭圆状披针形。总

中文名索引

拉丁名索引